水利工程施工管理技术措施研究

杜海燕　夏　薇　张晓川　◎著

图书在版编目（CIP）数据

水利工程施工管理技术措施研究 / 杜海燕，夏薇，张晓川著. -- 北京：现代出版社，2022.4
ISBN 978-7-5143-9840-3

Ⅰ．①水… Ⅱ．①杜… ②夏… ③张… Ⅲ．①水利工程－施工管理－研究 Ⅳ．①TV512

中国版本图书馆CIP数据核字（2022）第048850号

水利工程施工管理技术措施研究

作　　者	杜海燕　夏　薇　张晓川
责任编辑	田静华
出版发行	现代出版社
地　　址	北京市朝阳区安外安华里504号
邮　　编	100011
电　　话	010-64267325　64245264（传真）
网　　址	www.1980xd.com
电子邮箱	xiandai@vip.sina.com
印　　刷	北京四海锦诚印刷技术有限公司
版　　次	2023年10月第1版 2023年10月第1次印刷
开　　本	185 mm×260 mm　1/16
印　　张	13
字　　数	295千字
书　　号	ISBN 978-7-5143-9840-3
定　　价	58.00元

版权所有，侵权必究，未经许可，不得转载

前 言

水利工程施工是按照设计提出的工程结构、数量、质量、进度及造价等要求修建水利工程的工作。水利工程的运用、操作、维修和保护工作，是水利工程管理的重要组成部分，水利工程建成后，必须通过有效的管理，才能实现预期的效果和验证原来的规划、设计的正确性；工程管理的基本任务是保持工程建筑物和设备的完整、安全，使其处于良好的技术状况；正确运用水利工程设备，以控制、调节、分配、使用水资源，充分发挥其防洪、灌溉、供水、排水发电、航运、环境保护等效益。做好水利工程的施工与管理是发挥工程功能的鸟之两翼、车之双轮。

水利工程施工是研究水利工程建设的施工技术、施工组织与施工管理的学科。水是人类及万物赖以生存的最基本的条件之一，同时也是洁净的、可再生的能源。为此，全世界各国都在争相开发、利用和保护自己的水资源。要实现水利工程的技术创新，还需要投入大量的研发经费，培养相关的专业人才；作为水利工程人员也更应该刻苦学习，努力实践。为了便于探讨和学习，现将有关水利工程施工与工程管理的内容进行整理，去掉一些过于陈旧的内容，加入一些新的工程案例，实现了内容上的创新。

随着我国水资源的大力开发，水利工程施工过程中的环境问题受到人们越来越多的重视。我们应在工程的规划、设计、施工、运行及管理的各个环节中都要注意保护生态环境。同时，还应采取科技、经济、法律等措施，建立施工环境保护管理体系，明确业主、监理和施工单位的各自职责，制订工程施工期环境保护计划，尽量减轻施工对原有生态环境的破坏，使水利工程建设与资源环境的良性循环和社会、经济的可持续发展相协调。

本书具有以下几个方面的优点。

第一，保留重点内容。本书基本保留了水利工程施工的重点内容，并删减了一些过于烦琐的计算，因此在保证了完整性的基础上非常有助于读者的阅读。

第二，紧密联系实际。水利工程施工要解决实际问题，因此在撰写过程中引入了相关的实践应用，这是理论联系实际的最大亮点。

第三，结构完整。本书力求条理清楚、论证严谨，具有科学性、系统性和实用性，通过学习可以拓宽读者的知识面，拓展读者的思维空间，对了解和掌握水利工程施工有很大的帮助。

目 录

第一章　水利工程管理概述 ·· 1
第一节　水利工程管理的基本概念 ·· 1
第二节　水利工程管理的地位 ·· 13
第三节　水利工程管理的作用 ·· 16

第二章　施工导流与降排水 ··· 29
第一节　施工导流及其设计规划 ·· 29
第二节　施工导流挡水与泄水建筑物 ·· 33
第三节　基坑降排水 ·· 38

第三章　混凝土工程施工 ··· 45
第一节　混凝土的分类及性能 ·· 45
第二节　混凝土的组成材料 ··· 49
第三节　钢筋工程 ··· 58
第四节　模板工程 ··· 59
第五节　混凝土养护 ··· 62
第六节　大体积水工混凝土施工 ·· 65

第四章　管道工程施工 ··· 69
第一节　水利工程常用管道 ··· 69
第二节　管道开槽法施工 ·· 75
第三节　管道不开槽法施工 ··· 82
第四节　管道的制作安装 ·· 85

第五章　隧洞施工 ··· 103
第一节　隧洞施工方案的确定 ·· 103
第二节　隧洞钻爆法施工 ·· 105
第三节　锚喷支护 ··· 108
第四节　隧洞衬砌施工 ·· 112

第六章 渠系建筑物施工 ··· 115

第一节 渠道施工 ··· 115
第二节 水闸施工 ··· 118
第三节 渡槽施工 ··· 122

第七章 水利工程管理 ··· 127

第一节 水利工程管理要求 ··· 127
第二节 堤防与水闸管理 ··· 132
第三节 土石坝与混凝土坝渗流监测 ····································· 138

第八章 水利工程合同管理 ··· 145

第一节 合同管理与水利施工合同 ······································· 145
第二节 施工合同控制与 FIDIC 合同条件 ································ 152
第三节 合同实施 ··· 161
第四节 合同违约与索赔 ··· 165

第九章 水利工程施工安全与环境安全管理 ······························· 171

第一节 水利工程施工安全管理 ··· 171

参考文献 ··· 199

第一章 水利工程管理概述

第一节 水利工程管理的基本概念

一、工程

（一）工程的定义

工程是应用科学、经济、社会和实践知识的活动，以创造、设计、建造、维护、研究、完善结构、机器、设备、系统、材料和工艺为活动内容。术语"工程"（engineering）是从拉丁语"ingenium"和"ingeniare"派生而来的，前者意指"聪明"，后者指"图谋、制定"。工程也就是科学和数学的某种应用，通过这一应用，使自然界的物质和资源的特性能够通过各种结构、机器、产品、系统和过程，以最短的时间和精而少的人力做出高效、可靠且对人类有用的东西。工程初始含义是有关兵器制造、具有军事目的的各项应用（如成立于19世纪美国著名的工程机构"美国陆军工程兵团"，USACE，U.S.Army Corps of Engineers），后来随着社会进步扩展到许多领域，如建筑屋宇、制造机器、架桥修路等。

（二）工程的内涵和外延

从工程的定义可知，工程的内涵包括两个方面：各种知识的应用和材料、人力等某种组合以达到一定功效的过程。因而，工程活动具有"狭义"和"广义"之分。狭义工程指将某个（或某些）现有实体（自然的或人造的）转化为具有预期使用价值的人造产品的过程；就广义而言，工程则定义为由一群人为达到某种目的，在一个较长时间周期内进行协作活动的过程。工程学即指将自然科学的理论应用到具体工农业生产部门中形成的各学科的总称。根据工程特征，传统工程可分为四类：化学工程、土木工程（水利工程是其中的一个分支）、电气工程、机械工程。随着科学技术的发展和新领域的出现，产生了新的工程分支，如人类工程、地球系统工程等。实际建设工程是以上这些工程的综合。

二、水利工程

（一）水利工程的含义

水利工程是用于控制和调配自然界的地表水和地下水，达到除害兴利目的而修建的工程，也称为水工程，包括防洪、排涝、灌溉、水力发电、引（供）水、滩涂治理、水土保持、水资源保护等各类工程。水是人类生产和生活必不可少的宝贵资源，但其自然存在的状态并不完全符合人类的需要。只有修建水利工程，才能有效控制水流，防止洪涝灾害，并进行水量的调节和分配，以满足人民生活和生产对水资源的需要。水利工程主要服务于防洪、排水、灌溉、发电、水运、水产、工业用水、生活用水和改善环境等方面。

（二）我国水利工程的分类

水利工程的分类可以有两种方式：从投资和功能进行分类。

1. 按照工程功能或服务对象可分为以下六大类

（1）防洪工程：防止洪水灾害的工程

（2）农业生产水利工程：为农业、渔业服务的水利工程的总称，具体包括以下几类：农田水利工程：防止旱、涝、渍灾，为农业生产服务的农田水利工程（或称灌溉和排水工程）；渔业水利工程：保护和增进渔业生产的渔业水利工程；海涂围垦工程：围海造田，满足工农业生产或交通运输需要的海涂围垦工程等。

（3）水力发电工程：将水能转化为电能的水力发电工程。

（4）航道和港口工程：改善和创建航运条件的航道和港口工程。

（5）供（排）水工程：为工业和生活用水服务，并处理和排除污水和雨水的城镇供水和排水工程。

（6）环境水利工程：防止水土流失和水质污染，维护生态平衡的水土保持工程和环境水利工程。

一项水利工程同时为防洪、灌溉、发电、航运等多种目标服务的，称为综合利用水利工程。

2. 按照水利工程投资主体的不同性质，水利工程可以有以下几种不同的情况

（1）中央政府投资的水利工程。这种投资也称国有工程项目。这样的水利工程一般都是跨地区、跨流域，建设周期长、投资数额巨大的水利工程。对社会和群众的影响范围广大而深远，在国民经济的投资中占有一定的比重，其产生的社会效益和经济效益也非常明显。如黄河小浪底水利枢纽工程、长江三峡水利枢纽工程、南水北调工程等。

（2）地方政府投资兴建的水利工程。有一些水利工程属于地方政府投资的，也属国有性质，仅限于小流域、小范围的中型水利工程，但其作用并不小，在当地发挥的作用相当大，不可忽视。也有一部分是国家投资兴建的，之后又交给地方管理的项目，这也属于地方管辖的水利工程。如陆浑水库、尖岗水库等。

（3）集体兴建的水利工程。这还是计划经济时期大集体兴建的项目，由于农村经济体制改革，又加上长年疏于管理，这些工程有的已经废弃，有的处于半废弃状态，只有一小部分还在发挥着作用。其实大大小小、星罗棋布的小型水利设施，仍在防洪抗旱方面发挥着不小的作用。例如以前修的引黄干渠，农闲季节开挖的排水小河、水沟等。

（4）个体兴建的水利工程。这还是在改革开放之后，特别是在20世纪90年代之后才出现的。这种工程虽然不大，但一经出现便表现出很强的生命力，既有防洪、灌溉功能，又有恢复生态的功能，还有旅游观光的功能，工程项目管理得也好，这正是我们局部地区应当提倡和兴建的水利工程。但是，政府在这方面要加强宏观调控，防止盲目重复上马。

（三）我国水利工程的特征

水利工程原是土木工程的一个分支，但随着水利工程本身的发展，逐渐具有自己的特点，且随着在国民经济中的地位日益重要，已成为一门相对独立的技术学科，并具有以下几大特征。

1. 规模大，工程复杂

水利工程一般规模大，工程复杂，工期较长。工作中涉及天文地理等自然知识的积累和实施，其中又涉及各种水的推力、渗透力等专业知识与各地区的人文风情和传统。水利工程的建设时间很长，需要几年甚至更长的时间准备和筹划，人力物力的消耗也大。例如，丹江口水利枢纽工程、三峡工程等。

2. 综合性强，影响大

水利工程的建设会给当地居民带来很多好处，消除自然灾害。可是由于兴建会导致人与动物的迁徙，造成一定的生态破坏，同时也要与其他各项水利有机组合，符合国民经济的政策。为了使损失和影响面缩小，就需要在工程规划设计阶段系统性、综合性地进行分析研究，从全局出发，统筹兼顾，达到经济和社会环境的最佳组合。

3. 效益具有随机性

每年的水文状况或其他外部条件的改变会导致整体的经济效益的变化。农田水利工程还与气象条件的变化有着密切联系。

4. 对生态环境有很大影响

水利工程不仅对所在地区的经济和社会产生影响，而且对江河、湖泊以及附近地区的自然面貌、生态环境、自然景观等都将产生不同程度的影响，甚至会改变当地的气候和动物的生存环境。这种影响有利有弊。

从正面影响来说,主要是有利于改善当地水文生态环境,修建水库可以将原来的陆地变为水体,增大水面面积,增加蒸发量,缓解局部地区在温度和湿度上的剧烈变化,在干旱和严寒地区尤为适用;可以调节流域局部小气候,主要表现在降雨、气温、风等方面。由于水利工程会改变水文和径流状态,因此会影响水质、水温和泥沙条件,从而改变地下水补给,提高地下水位,影响土地利用。

从负面影响来说,由于工程对自然环境进行改造,势必会产生一定的负面影响。以水库为例,兴建水库会直接改变水循环和径流情况。从国内外水库运行经验来看,蓄水后的消落区可能出现滞流缓流,从而形成岸边污染带;水库水位降落侵蚀,会导致水土流失严重,加剧地质灾害发生;周围生物链改变、物种变异,影响生态系统稳定。

任何事情都有利有弊,关键在于如何最大限度地削弱负面影响,随着技术水平的进步,水利工程的作用,不仅要满足日益增长的人民生活和工农业生产发展对水资源的需要,而且要更多地为保护和改善环境服务。

(四)我国水利工程规模、质量、效益等基本情况

经过几十年的投资建设,我国兴建了许多大大小小的水利工程,小到农村的蓄水库,大到三峡大坝、南水北调等大型水利工程,形成47万多个水利工程管理单位,并且形成的固定资产达到了数千亿元,集排涝、发电、灌溉、供水、防洪、养殖、旅游、水运等功能,为国民经济发展和居民生活改善发挥了基础性的决定作用。从工程具体功能来说,我国可分为九大水利工程,即水库、水电站、水闸、堤防、泵站、灌溉排水、取水井、农村供水、塘坝与窖池。分析这些水利工程的数量、分布、规模等对水利工程管理政策和发展战略形成是非常必要的。

1. 水库工程

水库是指在河道、山谷或低洼地带修建挡水坝或堤堰形成的具有拦洪蓄水和调节水流功能的水利工程。作为水资源开发利用最为重要的水利工程,水库对地表水资源的调控作用是其他工程不可替代的。大中型水库主要集中在大江大河上,对大江大河水资源的开发利用起着极为重要的调控作用。小型水库主要分布在中小河流上,数量众多,分布较广,对中小河流水资源的开发利用起着重要作用。

据普查统计,全国共有库容10万立方米及以上的水库大约9.8万座,其中,大型水库数、总库容分别占全国水库总量和总库容的0.77%、80%。其余均为中、小型水库。全国大多数水库以防洪、发电、灌溉和供水为主要功能,占全国水库总数量的98.3%。从水库规模看,以灌溉为主的水库,多为小型水库,水库数量较多,但库容较小;以发电和防洪为主的水库多为大型水库,其水库的总库容较大,但数量较少,尤其是以发电为主的水库数量仅占全国水库总数量的5.0%。从水库的调节能力来看,除辽河区、海河区和黄河区的水库调节能力达到40%以上,其他各区的水库调节能力均不到20%,尤其西南诸河

区的水库调节能力仅为 5.3%。

从水资源一级区看，南方地区的水库数量和总库容明显高于北方地区，南方四区水库占全国水库数量和总库容的 79.8% 和 67.4%；北方六区水库占全国水库数量和总库容的 20.2% 和 32.6%。南方地区大型水库的数量也明显多于北方地区，是北方地区大型水库数量的 1.73 倍。从省级行政区看，水库主要分布在中南地区和华东地区的湖南、江西、广东、四川、湖北、山东和云南七省，占全国水库总数量的 61.7%。

2. 水电站工程

总体上我国水力资源的开发程度较高，技术可开发量已达到 50% 以上，其中大部分在 70% 以上。水电站再开发的整体潜力不大，但部分河流仍具备开发大中型水电站的条件，如长江干流和雅砻江等。

据统计，全国共有水电站 4.67 万座，装机容量 3.3 亿千瓦，其中，装机容量 500 千瓦及以上的水电站和装机容量分别占全国水电站总数量和总装机容量的 47.5% 和 98.3%；装机容量小于 500 千瓦的水电站和装机容量分别占全国水电站总数量和总装机容量的 52.5% 和 1.7%。

从水资源一级区看，北方六区水电站和装机容量分别占全国水电站数量和装机容量的 8.6% 和 15.2%；南方四区水电站和装机容量分别占 91.4% 和 84.8%。南方地区的水电站数量远高于北方地区，其大型水电站的数量也较多，是北方地区大型水电站数量的 3.36 倍。大型水电站主要分布在长江区、黄河区和珠江区。

长江区和珠江区的区域面积大，河流水系发达，降雨量多且经济发展水平高，其水电站的数量和规模在全国占的比重较大；松花江区、辽河区和海河区虽然经济相对发达，但降雨较少，区域地形平缓，所建设的水电站数量较少，且规模较小。

从省级行政区看，水电站主要分布在雨量丰沛、河流众多、落差较大、水力资源蕴藏量丰富、宜于水电站开发的广东、四川、福建、湖南和云南五省，分别占全国水电站数量的 56%；装机容量较大的是四川、云南和湖北三省，分别占全国水电站装机容量的 51.6%。其中四川和云南是我国水能资源的开发基地。

3. 水闸

水闸是指修建在河道和渠道上利用闸门控制流量和调节水位的低水头水工建筑物，起到防洪、蓄水和通航等作用。根据工程承担的任务，水闸分为节制闸、分（泄）洪闸、引（进）水闸、排（退）水闸、挡潮闸 5 类。其中，节制闸数量最多，占全国水闸总数的 56.8%；其次是排水闸、引（进）水闸，分别占全国的 17.7% 和 11.3%；最小的是分（泄）洪闸和挡潮闸，分别占全国的 8.2% 和 6%。从水资源空间分布看，引（进）水闸主要分布在长江区和淮河区，节制闸主要分布在长江区和淮河区，排（退）水闸主要分布在长江区和珠江区，分（泄）洪闸主要分布在长江区和珠江区，挡潮闸主要分布在珠江区和东南诸河区。从水闸数量和规模来看，小型引（进）水闸数量较多，引水能力较大，大中型引（进）水闸数量较少，引水能力较小。

从水资源一级区来看，南北方水闸数量差异较小，南方四区略高于北方六区。南方四区的水闸占全国的58.5%，其中长江区数量较多，占全国的39.4%；北方六区水闸占全国的41.5%，其中淮河区数量较多，占全国的20.9%。从省级行政区来看，水闸主要分布在河流水系发达、降雨丰沛的江苏、湖南、浙江、广东和湖北五省，共占全国水闸数量的54.8%。

4. 堤防工程

沿河、渠、湖、海岸或行洪区、分洪区、围垦区的边缘修筑的挡水建筑物统称为堤防。这是世界上最早广为采用的一种重要防洪工程，堤防工程的类型较多，可分为河（江）堤、湖堤、海堤和围（圩、圈）堤四种类型。据统计，我国堤防总长度为41.4万公里，其中五级及以上堤防长度占全国堤防总长度的66.6%，达标率为61.6%；五级以下的堤防占全国堤防总长度的33.4%。总体上，堤防级别越高达标率越高。一、二级堤防多建在大江大河及重要河流上，达标率较高，防洪安全保障程度相对较高；三、四、五级堤防多建在中小河流上，其达标率较低，抗洪水风险能力较低。其中，河（江）堤数量最多，占全国堤防的83.2%，达标率为60%；湖堤占全国堤防的2%，达标率为42.1%；海堤占全国堤防的3.7%，达标率为68.7%；围（圩、圈）堤占全国堤防的11%，达标率为74.8%。

从省级行政区看，堤防主要分布在河流湖泊众多、经济相对发达的华东地区和中南地区，包括江苏、山东、广东、安徽、河南、湖北和浙江七省，其长度共占全国的61.3%，达标率为60.9%。但由于各地区地理位置和河流分布情况存在差异，不同类型的堤防呈现不同的分布特点，其中，河（江）堤主要分布在江苏、山东、河南、安徽、广东和湖北六省，其总长度占全国河（江）堤的51.2%；湖堤主要分布在湖北、江苏和安徽三省，总长度占全国湖堤的61.7%；海堤主要分布在浙江和广东二省，总长度占全国海堤的51.5%；围（圩、圈）堤主要分布在江苏省的河网地区，总长度占全国围（圩、圈）堤的68.9%。

5. 泵站工程

据统计，全国共有泵站42.43万处。其中，装机流量1立方米/秒及以上或装机功率50千瓦及以上的泵站占全国泵站总数的21%，并且绝大多数为小型泵站，占了95.5%，大、中型泵站总共只占4.5%；装机流量1立方米/秒以下且装机功率50千瓦以下的泵站占全国泵站的79%。对装机流量1立方米/秒及以上或装机功率50千瓦及以上的泵站，根据其用途，又分为供水泵站、排水泵站和供排结合泵站3种类型，所占比例分别为52%、38%、10%。

从水资源一级区看，南方地区各种类型泵站数量均远高于北方地区。南方四区河流水系发达，降雨丰沛，水资源蕴藏量大，泵站数量较多，占全国的61.2%，其中长江区泵站数量最多，占全国的49.6%；北方六区泵站占全国的38.8%，其中淮河区泵站数量最多，占全国的19.5%。大型泵站主要分布在长江区、淮河区和珠江区，南方地区和北方地区的数量相差较小。从省级行政区看，泵站主要分布在江苏、湖北、安徽、湖南和四川五省，总数占全国的54.1%。

6. 灌溉排水工程

（1）灌溉面积数量及分布。据统计，全国共有灌溉面积 10.00 亿亩，其中，耕地灌溉面积 9.22 亿亩，占全国灌溉面积的 92.2%；园林草地等非耕地灌溉面积 0.78 亿亩，占全国灌溉面积的 7.8%。按水源工程类型分，有水库灌溉、塘坝灌溉、河湖引水闸（坝、堰）灌溉、河湖泵站灌溉、机电井灌溉等，以及利用多种水源工程灌溉。在各类水源灌溉面积中，以机电井灌溉面积和河湖引水闸(坝、堰)灌溉面积为主，两类合计为 6.33 亿亩，其中机电井灌溉面积主要分布在华北、东北地区，河湖引水闸（坝、堰））灌溉面积分布在西北地区和华东地区。

灌溉面积最多的 8 个省（自治区），分别为新疆、山东、河南、河北、黑龙江、安徽、江苏、内蒙古，其灌溉面积合计占全国总灌溉面积的 55.5%。除了新疆外，这些省份皆属粮食主产区，大部分地处河流冲积平原，灌溉水源条件好，灌排基础设施比较雄厚，灌溉历史悠久，同时辖区面积较大，其灌溉面积、耕地灌溉面积均较大。新疆灌溉面积达到 9000 多万亩，位列全国第一。

从水资源一级区分析，耕地面积分布不均衡，水资源时空分布不协调，北方六区灌溉面积占全国的 63%；南方四区灌溉面积占全国的 37%。其中，长江区的灌溉面积最大，占全国总灌溉面积的 24.8%；其次是淮河区，占全国总灌溉面积的 18.1%。西南诸河区的灌溉面积最小，仅占总灌溉面积的 1.8%。不同水源工程灌溉面积中，长江区的水库、塘坝、河湖引水闸、河湖泵站灌溉面积最大，且所占比例相近，约占 1/4；西北诸河区以河湖引水闸（坝、堰）灌溉面积为主，海河区、辽河区、松花江区以机电井灌溉面积为主；黄河区以机电井和河湖引水闸（坝、堰）灌溉面积为主；淮河区以机电井和河湖泵站灌溉面积为主；东南诸河区以水库和河湖引水闸（坝、堰）灌溉面积为主；珠江区以水库和河湖引水闸（坝、堰）灌溉面积为主；西南诸河和西北诸河均以河湖引水闸（坝、堰）灌溉面积为主。

（2）灌区数量与分布。据统计，全国共有 50 亩及以上的灌区 206.6 万处，灌溉面积 8.43 亿亩，占全国灌溉面积的 84.3%。其中，大、中型灌区现状灌溉面积与小型灌区现状灌溉面积基本各占我国灌溉面积的一半。

灌区数量超过 10 万处的有河南、河北、内蒙古、安徽、山东、黑龙江等省（自治区），六省（自治区）灌区数量之和占全国 50 亩及以上灌区总数的 64.45%。新疆、山东、河南等省区灌溉面积较大，共占全国 50 亩及以上灌区灌溉面积的 26%；上海、北京城镇化水平高，耕地面积少，故两市灌区灌溉面积都少。

（3）灌区灌排渠系。灌区灌排渠系包括灌溉渠道及建筑物、灌排结合渠道及建筑物灌区、排水沟及建筑物三类。

灌溉渠道及建筑物。全国 2000 亩及以上灌区的灌溉渠道 82.97 万条，总长度 114.83 万公里，渠系建筑物合计 310.79 万座。灌区灌溉渠道总长度较长的有新疆、湖南、江苏、湖北、甘肃等省（自治区），其中新疆最长，占全国灌溉渠道总长度的 16.5%。灌溉渠系建筑物数量较多的省（自治区）为新疆、甘肃、江苏、湖南、湖北，五省（自治区）合计建筑物数量占全国灌溉渠系建筑物数量的 55.3%。

灌排结合渠道及建筑物。沿江、沿湖以及河网地区的一些渠道既承担引水灌溉的任务，又承担排水、排涝的功能，这种既灌溉又排水的渠系称为灌排结合渠道。全国 2000 亩及以上灌区共有灌排结合渠道 45.20 万条、总长度 51.64 万公里、渠系建筑物 120.41 万座。灌排结合渠道长度较长的主要分布在湖北、湖南、山东、江苏、安徽等省，其中湖北、湖南最长，两省灌排结合渠道总长度占全国灌排结合渠道的 33.7%。上海、宁夏无灌排结合渠道。

灌区排水沟及建筑物。灌区排水沟主要用于农田除涝、排渍、防盐，有时也起到蓄水和滞水作用。排水沟主要分布在江苏、湖南、湖北、山东、安徽等省，五省的排水沟长度占全国排水沟长度的 65.6%。其中，江苏省排水沟长度最长，主要是由于省内河网密布、湖泊众多，平原洼地多，降雨过多或过于集中，容易形成涝渍，须及时排除地表水和地下水以控制地下水位。排水沟建筑物数量分布与排水沟长度分布一致，主要集中在江苏、湖北、湖南等。

7. 取水井工程

取水井分为机电井和人力井。机电井是指以电动机、柴油机等动力机械带动水泵抽取地下水的水井；人力井是指以人力或畜力提取地下水的水井，如手压井、辘轳井等。其中机电井按不同的规模标准划分为规模以上机电井和规模以下机电井，井口井管内径 200 毫米及以上的灌溉机电井和日取水量 20 立方米及以上的供水机电井为规模以上机电井。规模以上机电井占取水井总数的 4.6%；规模以下机电井占取水井总数的 50.6%；人力井占取水井总数的 44.8%。

从取水井的取水用途看，规模以上机电井以灌溉用途为主，规模以下机电井以生活和工业供水为主，人力井主要用于生活供水。全国灌溉井占地下水取水井总数的 8.7%；生活及工业用途供水井占地下水取水井总数的 91.3%。从所取用的地下水类型看，浅层地下水取水井占地下水取水井总数的 99.7%；深层承压水取水井占地下水取水井总数的 0.3%，全部为规模以上机电井。

从水资源分区看，全国地下水取水井数量呈现北方多、南方少的特点，尤其是规模以上机电井，北多南少的特征更为明显。从取水井总数而言，南北方差异不大，北方略多于南方。北方六区地下水取水井数量占地下水取水井总数的 55.5%；南方四区取水井数量占总数的 44.5%。规模以上机电井主要集中在北方，尤其集中在黄淮海地区。其中，北方六区规模以上机电井占全国总数的 96.2%；南方四区占全国总数的 3.8%。北方规模以下机电井略多于南方，南北方人力井数量基本相当。北方六区人力井数量占全国人力井总数的 49%；南方四区占全国人力井总数的 51%。

从行政分区看，全国各省级行政区地下水取水井数量差异较大，规模以上机电井数量差异更为明显。其中，地下水取水井数量较多的河南、安徽、山东、四川四省合计占全国取水井总数的 42.4%，均为人口大省；规模以上机电井主要集中在黄淮海地区的河南、河北、山东三省，合计占全国规模以上机电井总数的 63.7%。规模以下机电井和人力井分布情况与取水井数量分布类似,主要分布在河南、四川等人口大省。

8. 农村供水工程

农村供水工程分集中式供水工程和分散式供水工程两大类。集中式供水工程指集中供水人口 20 人及以上,且有输配水管网的农村供水工程;分散式供水工程为除集中式供水工程以外、无配水管网、以单户或联户为单元的供水工程。据统计,全国共有农村供水工程 5887 万处、受益人口 8.09 亿人。其中,集中式供水工程数占全国供水工程总数的 1.56%,但受益人口数占全国受益人口总数的 67.5%。可见集中式供水工程的规模效益是很明显的。

从省级行政区看,农村供水工程数量较多的省份为河南、四川、安徽和湖南四省,合计占全国农村供水工程总数的 45.4%。这主要是由于这四省的分散式供水工程的数量较大。农村供水工程数量较少的为上海、北京和天津市,三市的农村人口少,供水多被规模化的集中式供水所覆盖,分散式供水工程数量少。农村供水工程受益人口较多的为山东、河南、四川、广东、河北、江苏、安徽、湖南和广西九省(自治区),九省(自治区)受益人口之和占全国农村供水工程受益人口总数的 56.7%。受益人口较少的为上海、西藏、青海和宁夏四省(自治区、直辖市)。

集中式供水工程按水源类型分为地表水和地下水两大类。其中以地表水和地下水为水源的工程和受益人口的构成比例,两者均接近 50%。分散式供水工程分为分散供水井工程、引泉供水工程、雨水集蓄供水工程 3 类,其中,绝大部分为分散供水井工程,占工程总数的 92.1%。农村分散式供水工程较多的为河南、四川、安徽和湖南四省,上海无分散式供水工程。

9. 塘坝与窖池工程

塘坝与窖池是为了解决农村缺水地区而修建的蓄水工程。塘坝工程是指在地面开挖修建或在洼地上形成的拦截和贮存当地地表径流,用于农业灌溉、农村供水的蓄水工程。窖池工程是指采取防渗措施拦蓄、收集天然来水,用于农业灌溉、农村供水的蓄水工程。

根据普查资料,全国共有塘坝工程 456.3 万处,总容积为 301 亿立方米。从省级行政区看,塘坝数量最多的省份为湖南、湖北、安徽、四川、江西等,工程数量合计占全国塘坝工程总数量的 82.15%。这五个省均位于长江流域,多年平均降雨量在 800 毫米以上,山地、丘陵分布较广,具备较好的地表径流汇集条件,农作物以种植水稻为主,因此塘坝工程数量较多,分布规律是合理的。

全国共有窖池工程 689.3 万处,总容积为 2.5 亿立方米。从省级行政区分布看,窖池工程数量最多的省份是云南、甘肃、四川、贵州、陕西五省,窖池工程数量之和占全国窖池工程总数的 70.9%。这主要由于这些省的山丘区较多,干旱少雨,长期缺水,地形复杂难以修建一定规模的蓄引提灌溉工程,但适宜修建以农户自提、自管为主的微型蓄水工程，以解决当地抗旱水源和人畜饮水困难。

三、水利工程管理

（一）水利工程管理的概念

从专业角度来看，水利工程管理分为狭义水利工程管理和广义水利工程管理。狭义水利工程管理是指对已建成的水利工程进行检查观测、养护修理和调度运用，保障工程正常运行并发挥设计效益的工作。广义水利工程管理是指除以上技术管理工作外，还包括水利工程行政管理、经济管理和法治管理等方面，例如，水利事权的划分。显然，我们更关注广义水利工程管理，即在深入区别各种水利工程的性质和具体作用的基础上，尽最大可能趋利避害，充分发挥水利工程的社会效益、经济效益和生态效益，加强对水利工程的引导和管理。只有通过科学管理，才能发挥水利工程最佳的综合效益；保护和合理运用已建成的水利工程设施，调节水资源，为社会经济发展和人民生活服务。

（二）工程技术视角下我国水利工程管理的主要内容

从利用和保障水利工程的功能出发，我国水利工程管理工作的主要内容包括：水利工程的使用、水利工程的养护工作、水利工程的检测工作、水利工程的防汛抢险工作、水利工程的扩建和改建工作。

1. 水利工程的使用

水利工程与河川径流有着密切的关系，其变化同河川径流一样是随机的，具有多变性和复杂性，但径流在一定范围内有一定的变化规律，要根据其变化规律，对工程进行合理运用，确保工程的安全和发挥最大效益。工程的合理运用主要是制定合理的工程防汛调度计划和工程管理运行方案等。

2. 水利工程的养护工作

由于各种主观原因和客观条件的限制，水利工程建筑物在规划、设计和施工过程中难免会存在薄弱环节，使其运用过程中，出现这样或那样的缺陷和问题。特别是水利工程长期处在水下工作，自然条件的变化和管理运用不当，将会使工程发生意外的变化。所以，要对工程进行长期的监护，发现问题及时维修，消除隐患，保持工程的完好状态和安全运行，以发挥其应有的作用。

3. 水利工程的检测工作

水利工程的检测工作也是水利工程的重要工作内容。要做到定期对水利工程进行检测，在检测过程中发现问题，要及时进行分析，找出问题的根源，并尽快进行整改，以此来提高工程的运用条件,从而不断提高科学技术管理水平。

4. 水利工程的防汛抢险工作

防汛抢险是水利工程的一项重点工作。特别是对那些大中型的病险工程,要注意日常的维护,以避免险情的发生。同时,防汛抢险工作要立足于大洪水,提前做好防护工作,确保水利工程的安全。

5. 水利工程扩建和改建工作

对原有水工建筑物不能满足新技术、新设备、新的管理水平的要求时,在运用过程中发现建筑物有重大缺陷需要消除时,应对原有建筑物进行改建和扩建,从而提高工程的基础能力,满足工程的运行管理的发展和需求。

基于我国水利工程的特点及分类,我国水利工程管理也成立了相应的机构、制定了相应的管理规则。从流域来说,成立了七大流域管理局,负责相应流域水行政管理职责,包括长江水利委员会、黄河水利委员会、淮河水利委员会、海河水利委员会、松辽水利委员会、珠江水利委员会、太湖流域管理局。对特大型水利工程成立专门管理机构,如三峡工程建设委员会、小浪底水利枢纽管理中心、南水北调办公室等,以及针对各种水利设施的管理,如农村农田水利灌溉管理、水库大坝安全管理等。

(三)科学管理视角下我国水利工程管理的主要内容

从科学管理的视角出发,我国水利工程管理的主要内容是指水利事权的划分。水利事权即处理水利事务的职权和责任。我国水旱灾害频发,兴水利、除水害,历来是治国安邦的重大任务。合理划分各级政府的水利事权是我国全面深化水利改革的重要内容和有效制度保障。历史上水利工程事权、财权划分格局主要表现为两个特征:一是政府组织建设与管理关系国计民生的重要公益性水利工程,例如防洪工程;二是政府与受益群众分担投入具有服务性质的一些工程例如农田水利工程。中华人民共和国成立后,由于水利部门职能的转变,水利事权也在不断发生着变化,大致分为以下四个阶段:

第一阶段(1949—1996 年),中央、地方分级负责,中央主要负责兴建重大水利工程以治理大江大河,其他水利工程建设与管理主要以地方与群众集体的力量为主,国家支援为辅。

第二阶段(1997—2002 年),根据 1997 年国务院印发的《水利产业政策》(国发〔1997〕35 号),水利工程项目按事权被划分为中央项目和地方项目;按效益被区分为甲类(以社会效益为主)和乙类(以经济效益为主),或者说公益性项目与经营性项目。国家主要负责跨省(自治区、直辖市)、对国民经济全局有重大影响的项目,局部受益的地方项目由地方负责。具体的,中央项目的投资由中央和受益省(自治区、直辖市)按受益程度、受益范围、经济实力共同分担,其中重点水土流失区的治理主要由地方负责,中央适当给予补助。

第三阶段（2002年—2011年），根据2002年国务院转发的《水利工程管理体制改革实施意见》（国办发[2002]45号），水利基本建设项目被区分为公益性、准公益性和经营性三类；中央项目在第二阶段的基础上扩大到对国民经济全局、社会稳定和生态与环境有重大影响的项目，或中央认为负有直接建设责任的项目，从而解决了准公益性项目的管理问题。

第四阶段（2011年至今），根据2011年中央1号文件《关于加快水利改革发展的决定》，以及2014年水利部印发的《关于深化水利改革的指导意见》，水利事权划分进入全面深化改革阶段。中央事权被进一步明确为"国家水安全战略和重大水利规划、政策、标准制定，跨流域、跨国界河流湖泊以及事关流域全局的水利建设、水资源管理、河湖管理等涉水活动管理"；地方事权具体为"区域水利建设项目、水利社会管理和公共服务"以及"由地方管理更方便有效的水利事项"。中央和地方共同事权被确定为"跨区域重大水利项目建设维护等"；同时，企业和社会组织的事权也得以明确，即"对适合市场、社会组织承担的水利公共服务，要引入竞争机制，通过合同、委托等方式交给市场和社会组织承担"。

（四）我国水利工程管理的目标

水利工程管理的目标是确保项目质量安全，延长工程使用寿命，保证设施正常运转，做好工程使用全程维护，充分发挥工程和水资源的综合效益，逐步实现工程管理科学化、规范化，为国民经济建设提供更好的服务。

1. 确保项目的质量安全

因为水利工程涉及防洪、抗旱、治涝、发电、调水、农业灌溉、居民用水、水产经济、水运、工业用水、环境保护等重要内容，一旦出现工程质量问题，所有与水利相关的生活生产活动都将受到阻碍，沿区上游和下游都将受到威胁。因此工程的质量安全不仅关系着一方经济的发展，更承担着人民的身体健康与安全。

2. 延长工程的使用寿命

由于水利工程消耗资金较多，施工规模较大，影响范围较广，所以一项工程的运转就是百年大计。因此水利工程管理要贯穿项目的始末，从图纸设计到施工内容、竣工验收、工程使用等各个方面在科学合理的范围内对如何延长使用寿命进行管理，以减少资源的浪费，充分发挥最大效益。

3. 保证设施的正常运转

水利工程管理具有综合性、系统性特征，因此水利工程项目的正常运转需要各个环节的控制、调节与搭配，正确操作器械和设备，协调多样功能的发挥，提高工作效率、加强经营管理，提高经济效益，减少事故发生，确保各项事业不受影响。

4. 做好工程使用的全程维护

对综合性的大型项目或大型组合式机械设备来说，都需要定期进行保养与维护。由于设备某一部分或单一零件出现问题，都会对工程的使用和寿命造成影响，因此水利工程管理工作还要对出现的问题在使用的整个过程中进行维护，更新零部件，及时发现隐患，促进工程的正常使用。

5. 最大限度发挥水利工程的综合效益

除了从工程方面保障水利工程的正常运行和安全外，水利工程管理还应当通过不断深化改革，最大限度地发挥水利工程的综合效益。正如2019年水利部印发的《关于深化水利改革的指导意见》所提出的，我国必须"坚持社会主义市场经济改革方向，充分考虑水利公益性、基础性、战略性特点，构建有利于增强水利保障能力、提升水利社会管理水平、加快水生态文明建设的科学完善的水利制度体系"。

第二节 水利工程管理的地位

水利工程是指在江河、湖泊和地下水水源上开发、利用、控制、调配和保护水资源的各类工程。人类社会为了生存和可持续发展的需要，采取各种措施，适应、保护、调配和改变自然界的水和水域，以求在与自然和谐共处、维护生态环境的前提下，合理开发利用水资源，并防治洪、涝、干旱、污染等各种灾害。为达到这些目的而修建的工程称为水利工程。在人类的文明史上，四大古代文明都发祥于著名的河流，如古埃及文明诞生于尼罗河畔，中华文明诞生于黄河、长江流域。因此丰富的水力资源不仅滋养了人类最初的农业，而且孕育了世界的文明。水利是农业的命脉，人类的农业史，也可以说是发展农田水利，克服旱涝灾害的战天斗地史。

人类社会自从进入21世纪后，社会生产规模日益扩大，对能源需求量越来越大，而现有的能源又是有限的。人类渴望获得更多的清洁能源，补充现在能源的不足，又因洪水灾害一直威胁着人类的生命财产安全，人类在积极治理洪水的同时又努力利用水能源。水利工程既满足了人类治理洪水的愿望，又满足了人类的能源需求。水利工程按服务对象或目的可分为：将水能转化为电能的水力发电工程；为防止、控制洪水灾害的防洪工程；防止水质污染和水土流失，维护生态平衡的环境水利工程和水土保持工程；防止旱、渍、涝灾害而服务于农业生产的农田水利工程，即排水工程、灌溉工程；为工业和生活用水服务，排除、处理污水和雨水的城镇供、排水工程；改善和创建航运条件的港口、航道工程；增进、保护渔业生产的渔业水利工程；满足交通运输需要、工农业生产的海涂围垦工程等。一项水利工程同时为发电、防洪、航运、灌溉等多种目标服务的水利工程，称为综合水利工程。我国正处在社会主义现代化建设的重要时期，为满足社会生产的能源需求及保证人民生命财产安全的需要，我国已进入大规模的水利工程开发阶段。水利工程给人类带来了巨大的经济、政治、文化效益。它具备防洪、发电、航运功能，对促进相关区域的社会、经济发展具有战略意义。水利工程引起的移民搬迁，促进了各民族间的经济、文化交流，有利于社会稳定。水利工程是文化的载体，大型水利工程所形成的共同的行为规则，促进了工程文化的发展，人类在治水过程中形成的哲学思想指导着水利工程实践。长期以来繁重的水利工程任务也对我国科学的水利工程管理产生了巨大的需求。

一、我国水利工程在国民经济和社会发展中的地位

我国是水利大国，水利工程是抵御洪涝灾害、保障水资源供给和改善水环境的基础建设工程，在国民经济中占据着非常重要的地位。水利工程在防洪减灾、粮食安全、供水安全、生态建设等方面起到了很重要的保障作用，其公益性、基础性、战略性毋庸置疑。2014年，李克强总理在十二届全国人大二次会议上所作的政府工作报告中指出："国家集中力量建设一批重大水利工程，今年拟安排中央预算内水利投资700多亿元，支持引水调水、骨干水源、江河湖泊治理、高效节水灌溉等重点项目。各地要加强中小型水利项目建设，解决好用水'最后一公里'问题。"因而水利工程在促进经济发展，保持社会稳定，保障供水和粮食安全，提高人民生活水平，改善人居环境和生态环境等方面具有极其重要的作用。

我们国家向来重视水利工程的建设，治水历史源远流长，一部中华文明史也就是中国人民的治水史。古人云：治国先治水，有土才有邦。水利的发展直接影响到国家的发展，治水是个历史性难题。历史上著名的治水英雄有大禹、李冰、王景等。他们的治水思想都闪耀着中国古人的智慧光华，在治水方面取得了卓越的成绩。人类进入21世纪，科学技术日新月异，为了根治水患，各种水利工程也相继开建。特别是近10年来水利工程投资规模逐年加大，各地众多大型水利工程陆续上马，初步形成了防洪、排涝、灌溉、供水、发电等工程体系。由此可见，水利工程是支持国民经济发展的基础，其对国民经济发展的支撑能力主要表现为满足国民经济发展的资源性水需求，提供生产、生活用水，提供水资源相关的经济活动基础，如航运、养殖等，同时为国民经济发展提供环境性用水需求，发挥净化污水、容纳污染物、缓冲污染物对生态环境冲击等作用。如以商品和服务划分，则水利工程为国民经济发展提供了经济商品服务、生态服务和环境服务等。

长期以来，洪水灾害是世界上许多国家都发生的严重自然灾害之一，也是中华民族的心腹之患。由于中国水文条件复杂，水资源时空分布不均，与生产力布局不相匹配。独特的国情水情决定了中国社会发展对科学的水利工程管理的需求，这包括防治水旱灾害的任务需求，中国是世界上水旱灾害最为频发和威胁最大的国家，水旱灾害几千年来始终是中华民族生存和发展的心腹之患；中华人民共和国成立后，国家投入大量人力、物力和财力对七大流域和各主要江河进行大规模治理。由于人类活动的长期影响，气候变化异常，水旱灾害交替发生，并呈现愈演愈烈的趋势。长期干旱，土地沙漠化现象日益严重，从而更加剧了干旱的形势。而中国又拥有世界上最多的人口，支撑的人口经济规模特别巨大，

是世界第二大经济体,中国过去 30 年创造了世界最快经济增长纪录,面临的生态压力巨大,中国的生态环境状况整体脆弱,庞大的人口规模和高速经济增长导致生态环境系统持续恶化。随着人口的增长和城市化的快速发展,干旱造成的用水缺口将会不断增大,干旱风险及损失亦将持续上升。而水利工程在防洪减灾方面,随着经济社会的快速发展,水利建设进程加快,以三峡工程、南水北调工程为标志,一大批关系国计民生和经济发展的重点水利工程相继开工建设。我国已初步形成了大江、大河、大湖的防洪排涝工程体系,有效地控制了常遇洪水,抗御了大洪水和特大洪水,减轻了洪涝灾害损失,特别是确保黄河的岁岁安澜。总的来看,七大江河现有的防洪工程对占全国的 1/3 的人口,1/4 的耕地,包括京、津、沪在内的许多重要城市,以及国家重要的铁路、公路干线都起到了安全保障作用。

在支撑经济社会发展方面,大量蓄水、引水、提水工程有效提升了我国水资源的调控能力和城乡供水保障能力。1949 年到 2020 年,全国总供水量有显著增加。供水工程建设为国民经济发展、工农业生产、人民生活提供了必要的供水保障条件,发挥了重要的支撑作用。农村饮水安全人口、全国水电总装机容量、水电年发电量均有显著增加。因水利工程的建设以及科学的水利工程管理作用,全国水土流失综合治理面积也日益增加。

水利工程之所以能够发挥如此重要的作用,与科学的水利工程管理密不可分。由此可见水利工程管理在我国国民经济和社会发展中占据着十分重要的地位。

二、我国水利工程管理在工程管理中的地位

工程管理是指为实现预期目标,有效地利用资源,对工程所进行的决策、计划、组织、指挥、协调与控制,是对具有技术成分的活动进行计划、组织、资源分配以及指导和控制的科学和艺术。工程管理的对象和目标是工程,是指专业人员运用科学原理对自然资源进行改造的一系列过程,可为人类活动创造更多便利条件。工程建设需要应用物理、数学、生物等基础学科知识,并在生产生活实践中不断总结经验。水利工程管理作为工程管理理论和方法论体系中的重要组成部分,既有与一般专业工程管理相同的共性,又有与其他专业工程管理不同的特殊性,其工程的公益性(兼有经营性、安全性、生态性等特征),使水利工程管理在工程管理体系中占有独特的地位。水利工程管理又是生态管理、低碳管理和循环经济管理,是建设"两型"社会的必要手段,可以作为我国工程管理的重点和示范,对我国转变经济发展方式、走可持续发展道路和建设创新型国家的影响深远。

水利工程管理是水利工程的生命线,贯穿于项目的始末,包含着对水利工程质量、安全、经济、适用、美观、实用等方面的科学、合理的管理,以充分发挥工程作用、提高使用效益。由于水利工程项目规模过大、施工条件比较艰难、涉及环节较多、服务范围较广、影响因素复杂、组成部分较多、功能系统较全,所以技术水平有待提高,在设计规划、地形勘测、现场管理、施工建筑阶段难免出现问题或纰漏。另外,由于水利设备长期处于水中作业受到外界压力、腐蚀、渗透、融冻等各方面的影响,经过长时间的运作磨损速度较快,所以需要通过管理进行完善、修整、调试,以更好的进行工作,确保国家和人

民生命与财产的安全，社会的进步与安定、经济的发展与繁荣，因此水利工程管理具有重要性和责任性。

第三节　水利工程管理的作用

一、我国水利工程管理对国民经济发展的推动作用

大规模水利工程建设可以取得良好的社会效益和经济效益，为经济发展和人民安居乐业提供基本保障，为国民经济健康发展提供有力支撑，水利工程是国民经济的基础性产业。大型水利工程是具有综合功能的工程，它具有巨大的防洪、发电、航运功能和一定的旅游、水产、引水和排涝等效益。它的建设对我国的华中、华东、西南三大地区的经济发展，促进相关区域的经济社会发展，具有重要的战略意义，对我国经济发展可产生深远的影响。大型水利工程将促进沿途城镇的合理布局与调整，使沿江原有城市规模扩大，促进新城镇的建立和发展、农村人口向城镇转移，使城镇人口上升，加快城镇化建设的进程。同时，科学的水利工程管理也与农业发展密切相关。而农业是国民经济的基础，建立起稳固的农业基础，首先要着力改善农业生产条件，促进农业发展。水利是农业的命脉，重点建设农田水利工程，优先发展农田灌溉是必然的选择。正是中华人民共和国成立之后的大规模农田水利建设，为我国粮食产量超过万亿斤，实现"十连增"奠定了基础。农田水利还为国家粮食安全保障做出巨大贡献，巩固了农业在国民经济中的基础地位，从而保证国民经济能够长期持续地健康发展以及社会的稳定和进步。经济发展和人民生活的改善都离不开水，水利工程为城乡经济发展、人民生活改善提供了必要的保障条件。科学的水利工程管理又为水利工程的完备建设提供了保障。

我国水利工程管理对国民经济发展的推动作用主要体现在如下两个方面。

（一）对转变经济发展方式和可持续发展的推动作用

可持续发展观是相对传统发展观而提出的一种新的发展观。传统发展观以工业化程度来衡量经济社会的发展水平。自18世纪初工业革命开始以来，在长达200多年的受人称道的工业文明时代，借助科学技术革命的力量，大规模地开发自然资源，创造了巨大的物质财富和现代物质文明，同时也使全球生态环境和自然资源遭到了最严重的破坏。显然，工业文明相对小生产的"农业文明"而言，是一个巨大的飞跃。但它给人类社会与大自然带来了巨大的灾难和不可估量的负效应，带来生态环境严重破坏、自然资源日益枯竭、自然灾害泛滥、人与人的关系严重异化、人的本性丧失等。"人口爆炸、资源短缺、环境恶化、生态失衡"已成为困扰全人类的四大显性危机。面对传统发展观支配下的工业文明带来的巨大负效应和威胁，自20世纪30年代以来，世界各国的科学家们开始不断地发出警告，理论界苦苦求索，人类终于领悟了一种新的发展观——可持续发展观。

从水资源与社会、经济、环境的关系来看，水资源不仅是人类生存不可替代的一种宝贵资源，而且是经济发展不可缺少的一种物质基础，也是生态与环境维持正常状态的基础条件。因此，可持续发展，也就是要求社会、经济、资源、环境的协调发展。然而，随着人口的不断增长和社会经济的迅速发展，用水量也在不断增加，水资源的有限与社会经济发展、水与生态保护的矛盾越来越突出，例如，出现的水资源短缺、水质恶化等问题。如果再按目前的趋势发展下去，水问题将更加突出，甚至对人类的威胁是灾难性的。

水利工程是我国全面建成小康社会和基本实现现代化宏伟战略目标的命脉、基础和安全保障。在传统的水利工程模式下，单纯依靠兴修工程防御洪水、依靠增加供水满足国民经济发展对水的需求，这种通过消耗资源换取增长、牺牲环境谋取发展的方式，是一种粗放、扩张、外延型的增长方式。这种增长方式在支撑国民经济快速发展的同时，也付出了资源枯竭、环境污染、生态破坏的沉重代价，因而是不可持续的。

面对新的形势和任务，科学的水利工程管理利于制定合理规范的水资源利用方式。科学的水利工程管理有利于我国经济发展方式从粗放、扩张、外延型转变为集约、内涵型。且我国水利工程管理有利于开源节流、全面推进节水型社会建设，调节不合理需求，提高用水效率和效益，进而保障水资源的可持续利用与国民经济的可持续发展。再者其以提高水资源产出效率为目标，降低万元工业增加值用水量，提高工业水重复利用率，发展循环经济，为现代产业提供支撑。

当前，水资源供需矛盾突出仍然是可持续发展的主要"瓶颈"。马克思和恩格斯把人类的需要分成生存、享受和发展三个层次，从水利发展的需求角度就对应着安全性、经济性和舒适性三个层次。从世界范围的近现代治水实践来看，在水利事业发展面临的"两对矛盾"之中，通常优先处理水利发展与经济社会发展需求之间的矛盾。水利发展大体上可以由防灾减灾、水资源利用、水系景观整治、水资源保护和水生态修复五个方面内容组成。以上五个方面之中，前三个方面主要是处理水利发展与经济社会系统之间的关系。后两个方面主要是处理水利发展与生态环境系统之间的关系。各种水利发展事项属于不同类别的需求。防灾减灾、饮水安全、灌溉用水等，主要是"安全性需求"；生产供水、水电、水运等，主要是"经济性需求"；水系景观、水休闲娱乐、高品质用水，主要是"舒适性需求"；水环境保护和水生态修复，则安全性需求和舒适性需求兼而有之，这是生态环境系统的基础性特征决定的，比如，水源地保护和供水水质达标主要属于"安全性需求"，而更高的饮水水质标准如纯净水和直饮水的需求，则属于"舒适性需求"。水利发展需求的各个层次，很大程度上决定了水利发展供给的内容。无论是防洪安全、供水安全、水环境安全，还是景观整治、生态修复，这些都具有很强的公益性，均应纳入公共服务的范畴。这决定了水利发展供给主要提供的是公共服务，水利发展的本质是不断提高水利的公共服务能力。根据需求差异，公共服务可分为基础公共服务和发展公共服务。基础公共服务主要是满足"安全性"的生存需求，为社会公众提供从事生产、生活、发展和娱乐等活动所需要的基础性服务，如提供防洪抗旱、除涝、灌溉等基础设施；发展公共服务是为满足社会发展需要所提供的各类服务，如城市供水、水力发电、城市景观建设等，更强调满足经济发展的需求及公众对舒适性的需求。一个社会存在各种各样的需求，水利发展需求也在其中。在经济社会发展的不同水平,水利发展需求在社会各种需求中的相对重要性在不断发生变化。随着经济的发展,水资源供需矛盾也日益突出。在水资源紧缺的同时,用水浪费严重,水资源利用效率较低。全国工业万元产值用水量 91 立方米,是发达国家的 10 倍以上,水的重复利用率仅为 40%,而发达国家已达到 75%～85%;农业灌溉用水有效利用系数只有 0.4 左右,而发达国家为 0.7～0.8;我国城市生活用水浪费也很严重,仅供水管网跑冒滴漏损失就达 20% 以上,家庭用水浪费现象也十分普遍。当前,解决水资源供需矛盾,必然需要依靠水利工程,而科学的水利工程管理是可持续发展的推动力。

(二)对农业生产和农民生活水平提高的促进作用

水利工程管理是促进农业生产发展、提高农业综合生产能力的基本条件。农业是第一产业,民以食为天,农村生产的发展首先是以粮食为中心的农业综合生产能力的发展,而农业综合生产能力提高的关键在于农业水利工程的建设和管理,在一些地区农业水利工程管理十分落后,重建设轻管理,已经成为农业发展的"瓶颈"了。另外,加强农业水利工程管理有利于提高农民生活水平与生活质量。社会主义新农村建设的一个十分重要的目标就是增加农民收入,提高农民生活水平,而加强农村水利工程等基础设施建设和管理成为基本条件。例如,可以通过农村饮水工程保障农民饮水安全,通过供水工程的有效管理,可以带动农村环境卫生和个人条件的改善,降低各种流行疾病的发病率。

水利工程在国民经济发展中具有极其重要的作用,科学的水利工程管理会带动很多相关产业的发展。如农业灌溉、养殖、航运、发电等。水利工程使人类生生不息,且促进了社会文明的前进。从一定程度上讲,水利工程推动了现代产业的发展,若缺失了水利工程,也许社会就会停滞不前,人类的文明也将会受到挑战。而科学的水利工程管理可推动各产业的发展。

科学的水利工程管理可推动农业的发展。"有收无收在于水、收多收少在于肥"的农谚道出了水利工程对粮食和农业生产的重要性。我国农业用水方式粗放,耕地缺少基本灌溉条件,现有灌区普遍存在标准低、配套差、老化失修等问题,严重影响农业稳定发展和国家粮食安全。近年来水利建设在保障和改善民生个方面取得了重大进展,一些与人民群众生产生活密切相关的水利问题尤其是农村水利发展的问题与农民的生活息息相关。而完备的水利工程建设离不开科学的水利工程管理。首先,科学的水利工程管理,有利于解决灌溉问题,消除旱情灾害。农业生产主要追求粮食产量,以种植水稻、小麦、油菜为主,但是这些作物如果在没有水或者在水资源比较缺乏的情况下会极大地影响它们的产量,比如,遇到大旱之年,农作物连命都保不住,哪儿来的产量,可以说是颗粒无收,这样农民白白辛苦了一年的劳作将毁于一旦,收入更是无从提起,农民本来就是以种庄稼为主,如今庄稼没了,这会给农民的经济带来巨大的损失,因此加强农田水利工程建设可以满足粮食作物的生长需要,解决了灌溉问题,消除了灾情的灾害,给农民也带来了可观的收益。其次,科学的水利工程管理有利于节约农田用水,减少农田灌溉用水损失。

在大涝之年农田不缺水的情况下,可以利用水利工程建设将多余的水积攒起来,以备日后需要时使用。另外,蔬菜、瓜果、苗木实施节水灌溉是促进农业结构调整的必要保障。加大农业节水力度、减少灌溉用水损失,有利于解决农业面的污染,有利于转变农业生产方式,有利于提高农业生产力。这就大大减少了水资源不必要的浪费,起到了节约农田用水的目的。最后,科学的水利工程管理有利于减少农田的水土流失。大涝天气会引起农田水土流失,影响农村生态环境。当发生大涝灾害时,水土资源会受到极大的影响,肥沃的土地肥料会因洪涝的发生而减少,丰富的土质结构也会遭到破坏,农作物产量亦会随之减少。而科学的水利工程管理,促进渠道兴修,引水入海,利于减少农田水土流失。

(三) 对其他各产业发展的推动作用

科学的水利工程管理可推动水产养殖业的发展。首先,科学的水利工程管理有利于改良农田水质。水产养殖受水质的影响很大。近年来,水污染带来的水环境恶化、水质破坏问题日益严重,水产养殖受此影响很大。而随着水产养殖业的发展,水源水质的标准要求也随之更加严格。当水源污染、水质破坏发生时,水产养殖业的发展就会受到影响。而科学的水利工程管理,有利于改良农田水质,促进水产养殖业的发展。其次,科学的水利工程管理有利于扩大鱼类及水生物生长环境,为渔业发展提供有利条件。例如,三峡工程建坝后,库区改变原来滩多急流型河道的生态环境,水面较天然河道增加近两倍,上游有机物质、营养盐将有部分滞留库区,库水湿度变肥、变清,有利于饵料生物和鱼类繁殖生长。冬季下游流量增大,鱼类越冬条件将有所改善。这些条件的改善,均利于推动水产养殖业的发展。

科学的水利工程管理可推动航运的发展。以三峡工程为例,据预测,川江下水运量到 2030 年将达到 5000 万吨。目前川江通过能力仅约 1000 万吨。主要原因是川江航道坡陡流急,在重庆至宜昌 660 公里航道上,落差 120 米,共有主要碍航滩险 139 处,单行控制段 46 处。三峡工程修建后,航运条件明显改善,万吨级船队可直达重庆,运输成本可降低 35%~37%。不修建三峡工程,虽可采取航道整治辅以出川铁路分流,满足 5000 万吨出川运量的要求,但工程量很大,且无法改善川江坡陡流急的现状,万吨级船队不能直达重庆,运输成本也难大幅度降低。而三峡水利工程的修建,推动了三峡附近区域的航运发展。而欲使三峡工程尽最大限度地发挥其航运作用,须对其予以科学的管理。故而科学的水利工程管理可推动航运的发展。

科学的水利工程管理还可以为旅游业发展起到推动作用。水利工程的建设推动了各地沿河各种水景区景点的开发建设,科学的水利工程管理有助于水利工程旅游业的发展。水利工程旅游业的发展既可以发掘各地沿河水资源的潜在效益,带动沿线地方经济的发展,促进经济结构、产业结构的调整,也可以促进水生态环境的改善,美化净化城市环境,提高人民生活质量,并提高居民收入。由于水利工程旅游业涉及交通运输、住宿餐饮、导游等众多行业,依托水利工程旅游,可提高地方整体经济水平,并增加就业机会,甚至吸引更多劳动人口,进而推动旅游服务业的发展,提高居民的收入水平和生活标准。

科学的水利工程管理也有助于优化电能利用。科学的水利工程管理可促进水电资源的利用。据不完全统计，我国水电资源的使用率已从 20 世纪 80 年代的不足 5% 攀升到 30% 以上。现在，水电工程已成为维持整个国家电力需求正常供应的重要来源。而科学的水利工程管理有助于对水利电能的合理开发与利用。

二、我国水利工程管理对社会发展的推动作用

随着工业化和城镇化的不断发展，科学的水利工程管理有利于增强防灾减灾能力，强化水资源节约保护工作，扭转听天由命的水资源利用局面，进而推动社会的发展。

（一）对社会稳定的作用

水利工程管理有利于构建科学的防洪体系，而科学的防洪体系可减轻洪水的灾害，保障人民生命财产安全和社会稳定。全国主要江河初步形成了以堤防、河道整治、水库、蓄滞洪区等为主的工程防洪体系，在抗御历年发生的洪水中发挥了重要作用，有利于社会稳定。

首先，社会稳定涉及的是人与人、不同社会群体、不同社会组织之间的关系。这种关系的核心是利益关系，而利益关系与分配密切相关，利益分配是否合理，是社会稳定与否的关键。分配问题是个大问题。当前，中国的社会分配出现了很大的问题，分配不公和收入差距拉大已经成为不争的事实，是导致社会不稳定的基础性因素。而科学的水利工程管理，有利于水利工程的修建与维护，有利于提高水利工程沿岸居民的收入水平，有利于缩小贫富差距，改善分配不均的局面，进而有利于维护社会稳定。其次，科学的水利工程管理有助于构建社会稳定风险系统控制体系，从而将社会稳定风险降到最低，进而保障社会稳定。由于水利工程本来就是大型国家民生工程，其具有失事后果严重、损失大的特点，而水情又是难以控制的，一般水利工程都是根据百年一遇洪水设计的，而无法排除是否会遇到更大设计流量的洪水。当更大流量洪水发生时，所造成的损失必然是巨大的，也必然会引发社会稳定问题，而科学的水利工程管理可将损失降到最小。同时水利工程的修建可能会造成大量移民，而这部分背井离乡的人是否能够得到妥善安置也与社会稳定与否息息相关，此时必然要依靠科学的水利工程管理。

大型水利工程的移民促进了汉族与少数民族之间的经济、文化交流。促进了内地和西部少数民族间的平等、团结、互助、合作、共同繁荣的相到依赖的新型民族关系的形成。工程是文化的载体。而水利工程文化是其共同体在工程活动中所表现或体现出来的各种文化形态的集结或集合。水利工程在工程活动中则会形成共同的风格、共同的语言、共同的办事方法及其存在着共同的行为规则。作为规则，水利工程活动则包含着决策程序、审美取向、验收标准、环境和谐目标、建造目标、施工程序、操作守则、生产条例、劳动纪律等，这些规则促进了水利工程文化的发展，哲学家将其上升为哲理指导人们水利工程活动。李冰在修建都江堰水利工程的同时也修建了中华民族治水文化的丰碑，是中华民族治水哲学的升华。都江堰水利工程是一部水利工程科学全书：它包含系统工程学、流体力学、生态学，体现了尊重自然、顺应自然规律并把握其规律的哲学理念。它留下的"治水"三字经、八字真言如："深淘滩、低作堰""遇弯截角、逢正抽心"，至今仍是水利工程活动的主导哲学思想，其哲学思想促进了民族同胞的交流，促进民族大团结。再者，水利工程能发挥综合的经济效益，给社会经济的发展提供了强大的清洁能源支持，为养殖、旅游、灌溉、防洪等提供条件，从而提高相关区域居民的物质生活条件，促进社会稳定。概括起来，水利工程管理对社会稳定的作用主要可以概括为以下几点：

第一，水利工程管理为社会提供了安全保障。水利工程最初的一个作用就是可以进行防洪，减少水患的发生。依据以往的资料记载，我国的洪水主要是发生在长江、黄河、松花江、珠江以及淮河等河流的中下游平原地区，水患的发生不仅影响到了社会经济的健康发展，同时对人民群众的安全也会造成一定的影响。通过在河流的上游进行水库的兴建，在河流的下游扩大排洪，使得这些河流的防洪能力得到了很好的提升。随着经济社会的快速发展，水利建设进程加快，以三峡工程、南水北调工程为标志，一大批关系国计民生的重点水利工程相继进入建设、使用和管理阶段。当前，我国已初步形成了大江、大河、大湖的防洪排涝工程体系，有效地控制了常遇洪水，抗御了大洪水和特大洪水，减轻了洪涝灾害损失，特别是确保黄河的岁岁安澜。总的来看，七大江河现有的防洪工程对占全国1/3的人口，1/4的耕地，包括京、津、沪在内的许多重要城市，以及国家重要的铁路、公路干线都起到了安全保障作用。

第二，水利工程管理有助于促进农业生产。水利工程对农业有着直接的影响，通过兴修水利，可以使得农田得到灌溉，农业生产的效率得到提升，促进农民丰产增收。灌溉工程为农业发展特别是粮食稳产、高产创造了有利的前提条件，奠定了农业长期稳步发展的基础，巩固了农业在国民经济发展中的基础地位。根据《大型灌区续建配套和节水改造"十四五"规划》，到2020年，我国可完成190处大型、800处重点中型灌区的续建配套与节水改造任务，启动实施1500处一般中型灌区节水改造。同时，在水土资源条件好、粮食增产潜力大的地区，科学规划，新建一批灌区，作为国家粮食后备产区，确保"十二五"期间净增农田有效灌溉面积4000万亩。虽然我国人口众多，但是因为水利工程的兴建与管理使得土地灌溉的面积大大增加，这使得全国人民的基本口粮得到了满足，为解决14亿人口的穿衣吃饭问题立下不可代替的功劳。

第三，水利工程管理有助于提高城乡人民生产生活水平。大量蓄水、引水、提水工程有效提升了我国水资源的调控能力和城乡供水保障能力。1949年到2020年，全国总供水量从1031亿立方米增加到6131.2亿立方米。水利工程管理向城乡提供清洁的水源，有效地推动了社会经济的健康发展，保障了人民群众的生活质量，也在一定程度上促进了经济和社会的健康发展。如兴凯湖饮水工程竣工之后，为黑龙江省鸡西市直接供水，解决了几百万人口和饮水问题，也为鸡西市的经济发展和创建旅游城市奠定了很好的基础。另外，在扶贫个方面，大多数水利工程，特别是大型水利枢纽的建设地点多数选在高山峡谷、人烟稀少地区，水利枢纽的建设大大加速了地区经济和社会的发展进程，甚至会出现跨越式发展。我国的小水电建设还解决了山区缺电问题，不仅促进了农村乡镇企业发展和产业结构调整，还加快了老少边穷地区农牧民脱贫致富。

（二）对和谐社会建设的推动作用

社会主义和谐社会是人类孜孜以求的一种美好社会，马克思主义政党不懈追求的一种社会理想。构建社会主义和谐社会，是我们党以马克思列宁主义、毛泽东思想、邓小平理论和"三个代表"重要思想为指导，全面贯彻落实科学发展观，从中国特色社会主义事业总体布局和全面建设小康社会全局出发提出的重大战略任务，反映了建设富强民主文明和谐的社会主义现代化国家的内在要求，体现了全党全国各族人民的共同愿望。人与自然的和谐关系是社会主义和谐社会的重要特征，人与水的关系是人与自然关系中最密切的关系。只有加强和谐社会建设，才能实现人水和谐，使人与自然和谐共处，促进水利工程建设可持续发展。水利工程发展与和谐社会建设具有十分密切的关系，水利工程发展是和谐社会建设的重要基础和有力支撑，有助于推动和谐社会建设。

水利工程活动与社会的发展紧密相连，和谐社会的构建离不开和谐的水利工程活动。树立当代水利工程观，增强其综合集成意识，有益于和谐社会的构建。从历史的视野来看，中西方文化对人与自然的关系有着不同的理解。中国古代哲学主张人与自然和谐相处和"天人合一"，如都江堰水利工程则是"天人合一"的最高典范。自然是人类认识改造的对象，工程活动是人类改造自然的具体方式。传统的水利工程活动通常认为水利工程是改造自然的工具，人类可以向自然无限制的索取以满足人类的需要，这样就导致水利工程活动成为破坏人与自然关系的直接力量。在人类物质极其缺乏科技不发达时期，人类为满足生存的需要，这种水利工程观有其合理性。随着社会发展，社会系统与自然系统相互作用不断增强，水利工程活动不但对自然界造成影响，而且还会影响社会的运行发展。在水利工程活动过程中，会遇到各种不同的系统内外部客观规律的相互作用问题。如何处理好它们之间的关系是水利工程研究的重要内容。因而，我们必须以当代和谐水利工程观为指导，树立水利工程综合集成意识，推动和谐社会的构建步伐。要使大型水利工程活动与和谐社会的要求相一致，就必须以当代水利工程观为指导协调社会规律、科学规律、生态规律，综合体现不同个方面的要求，协调相互冲突的目标。摒弃传统的水利工程观念及其活动模式，探索当代水利工程观的问题，揭示大型水利工程与政治、经济、文化、社会、环境等相互作用的特点及其规律。在水利工程规划、设计、实施中，运用科学的水利工程管理，化冲突为和谐，为和谐社会的构建做出水利工程实践个方面的贡献。

人与自然的和谐相处是社会和谐的重要特征和基本保障，而水利是统筹人与自然和谐的关键。人与水的关系直接影响着人与自然的关系，进而会影响人与人的关系、人与社会的关系。如果生态环境受到严重破坏、人民的生产生活环境就会恶化，如果资源能源供应高度紧张、经济发展与资源能源矛盾就会尖锐，人与人的和谐、人与社会的和谐就无法实现，建设和谐社会就无从谈起。科学的水利工程管理以可持续发展为目标，尊重自然、善待自然、保护自然，严格按自然经济规律办事，坚持防洪抗旱并举，兴利除害结合，开源节流并重，量水而行，以水定发展，在保护中开发，在开发中保护，按照优化开发、重点开发、限制开发和禁止开发的不同要求，明确不同河流或不同河段的功能定位，实行科学合理开发，强化生态保护。在约束水的同时，必须约束人的行为；在防止水对人的侵害的同时，更要防止人对水的侵害；在对水资源进行开发、利用、治理的同时，更加注重对水资源的配置、节约和保护；从无节制的开源趋利、以需定供转变为以供定需，由"高投入、高消耗、高排放、低效益"的粗放型增长方式向"低投入、低消耗、低排放、高效益"的集约型增长方式转变；由以往的经济增长为唯一目标，转变为经济增长与生态系统保护相协调，统筹考虑各种利弊得失，大力发展循环经济和清洁生产，优化经济结构，创新发展模式，节能降耗，保护环境；在以水利工程管理手段进一步规范和调节与水相关的人与人、人与社会的关系，实行自律式发展。科学的水利工程管理利于科学治水，在防洪减灾个方面，给河流以空间，给洪水以出路，建立完善工程和非工程体系，合理利用雨洪资源，尽力减少灾害损失，保持社会稳定；在应对水资源短缺个方面，协调好生活、生产、生态用水，全面建设节水型社会，大力提高水资源利用效率；在水土保持生态建设个方面，加强预防、监督、治理和保护，充分发挥大自然的自我修复能力，改善生态环境；在水资源保护个方面，加强水功能区管理，制定水源地保护监管的政策和标准，核定水域纳污能力和总量，严格排污权管理。依法限制排污，尽力保证人民群众饮水安全，进而推动和谐社会建设。概括起来，水利工程管理对和谐社会建设的作用可以概括如下。

第一，水利工程管理通过改变供电方式有利于经济、生态等多个方面和谐发展。

水力发电已经成为我国电力系统十分重要的组成部分。中华人民共和国成立之后，一大批大中型的水利工程的建设为生产和生活提供了大量的电力资源，极大地方便了人民群众的生产生活，也在一定程度上改变了我国过度依赖火力发电的局面，这也有利于环境的改善。我国不管是水电装机的容量还是水利工程的发电量，都处在世界前列。特别是农村小水电的建设有力地推动了农村地区乡镇企业的发展，为进行农产品的深加工、进行农田灌溉等做出了巨大的贡献。三峡工程、小浪底水利工程、二滩水利工程等一大批有着世界影响力的水利枢纽工程的建设，预示着我国水利发电的建设已经进入了一个十分重要的阶段。

第二，水利工程管理有助于保护生态环境，促进旅游等第三产业发展。

水利建设为改善环境做出了积极贡献，其中水土保持和小流域综合治理改善了生态环境，水力发电的发展减少了环境污染，为改善大气环境做出了贡献，农村小水电不仅解决了能源问题，还为实施封山育林、恢复植被等创造了条件，另外污水处理与回用、河湖保护与治理也有效地保护了生态环境。水利工程在建成之后，库区的风景区使得山色、瀑布、森林以及人文等紧密地融合在一起，呈现出一派山水林岛的和谐画面，是绝佳的旅游胜地。例如，举世瞩目的三峡工程在建设之后，也成为一个十分著名的旅游景点，吸引了大量的游客前往参观，感受三峡工程的魅力，这在很大程度上促进了旅游收益的提升，增加了当地群众的经济收入。

第三，水利工程管理具有多种附加值，有利于推动航运等相关产业发展。

水利工程管理在对水利工程进行设计规划、建设施工、运营、养护等管理过程中，有助于发掘水利工程的其他附加值，如航运产业的快速发展。内河运输的一个十分重要的特点就是成本较低，通过进行水运可以增加运输量，降低运输的成本，满足交通发展的需要的同时促进经济的快速发展。水利工程的兴建与管理使得内河运输得到了发展，长江的"黄金水道"正是在水利工程不断完善和兴建的基础之上得到发展和壮大的。

三、我国水利工程管理对生态文明的促进作用

生态文明是人类文明发展的一个新的阶段，即工业文明之后的文明形态；生态文明是人类遵循人、自然、社会和谐发展这一客观规律而取得的物质与精神成果的总和；生态文明是以人与自然、人与人、人与社会和谐共生、良性循环、全面发展、持续繁荣为基本宗旨的社会形态。它以尊重和维护生态环境为主旨，以可持续发展为根据，以未来人类的继续发展为着眼点。这种文明观强调人的自觉与自律，强调人与自然环境的相互依存、相互促进、共处共融。三百年的工业文明以人类征服自然为主要特征。世界工业化的发展使征服自然的文化达到极致；一系列全球性生态危机说明地球再也没能力支持工业文明的继续发展。需要开创一个新的文明形态来延续人类的生存，这就是生态文明。如果说农业文明是黄色文明，工业文明是黑色文明，那生态文明就是绿色文明。生态，指生物之间以及生物与环境之间的相互关系与存在状态，亦即自然生态。自然生态有着自在自为的发展规律。人类社会改变了这种规律，把自然生态纳入人类可以改造的范围之内，这就形成了文明。生态文明，是指人类遵循人、自然、社会和谐发展这一客观规律而取得的物质与精神成果的总和；是指人与自然、人与人、人与社会和谐共生、良性循环、全面发展、持续繁荣为基本宗旨的文化伦理形态。

生态文明是人类文明的一种形态，它以尊重和维护自然为前提，以人与人、人与自然、人与社会和谐共生为宗旨，以建立可持续的生产方式和消费方式为内涵，以引导人们走上持续、和谐的发展道路为着眼点。生态文明在刘惊铎的《生态体验论》中定义为从自然生态、类生态和内生态之三重生态圆融互摄的意义上反思人类的生存发展过程，系统思考和建构人类的生存方式。生态文明强调人的自觉与自律，强调人与自然环境的相互依存、相互促进、共处共融，既追求人与生态的和谐，也追求人与人的和谐，而且人与人的和谐是人与自然和谐的前提。可以说，生态文明是人类对传统文明形态特别是工业文明进行深刻反思的成果，是人类文明形态和文明发展理念、道路和模式的重大进步。

科学的水利工程管理可以转变传统的水利工程活动运转模式，使水利工程活动更加科学有序，同时促进生态文明建设。若没有科学的水利工程理念作指导，水利工程会对水生态系统造成某种胁迫，例如，水利工程会造成河流形态的均一化和不连续化，引起生物群落多样性水平下降。但科学合理的水利工程管理有助于减少这一现象的发生，尽量避免或减少水利工程所引起的一些后果。

若不考虑科学的水利工程管理，仅仅从水利工程出发，则势必会造成对生态的极大破坏。因为水利工程活动主要关注人对自然的改造与征服，忽视自然的自我恢复能力，忽略了过度的开发自然会造成自然对人类的报复，既不考虑水利工程对社会结构及变迁的影响，也不考虑社会对水利工程的促进与限制。且在水利工程的决策、运行与评估的过程中，只考虑人的社会活动规律与生态环境的外在约束条件，没将其视为水利工程活动的内在因素。但运用科学的水利工程管理，可形成科学的水利工程理念。此时水利工程考虑的不再仅仅是人对自然的征服改造，它是在科学发展观的基础上，协调人与自然的关系，工程活动既考虑当代人的需要又考虑到后代人的需求，是和谐的水利工程。运用科学水利工程管理理念的水利工程转变了传统水利工程的粗放发展方式。运用科学水利工程管理理念的水利工程活动是一种集约式的工程活动，与当代的经济发展模式相适应，其具备较完善的决策、实施、评估等相关系统。也会成为知识密集型、资源集约型的造物活动，具备更高的科技含量。再者，其在改造环境的同时保护环境，使生态环境能够可持续发展，将生态环境作为工程活动的外在约束条件，以生态因素作为水利工程的决策、运行、评估内在要素。

科学的水利工程管理对生态文明的促进作用主要体现在以下两个方面。

（一）对资源节约的促进作用

节约资源是保护生态环境的根本之策。节约资源意味着价值观念、生产方式、生活方式、行为方式、消费模式等多个方面的变革，涉及各行各业，与每个企业、单位、家庭、个人都有关系，需要全民积极参与。必须利用各种方式在全社会广泛培育节约资源意识，大力倡导珍惜资源、节约资源风尚，明确确立和牢固树立节约资源理念，形成节约资源的社会共识和共同行动，全社会齐心协力共同建设资源节约型、环境友好型社会。资源是增加社会生产和改善居民生活的重要支撑，节约资源的目的并不是减少生产和降低居民消费水平，而是使生产相同数量的产品能够消耗更少的资源，或者用相同数量的资源能够生产更多的产品、创造更高的价值，使有限资源能更好地满足人民群众物质文化生活需要。只有通过资源的高效利用，才能实现这个目标。因此，转变资源利用方式，推动资源高效利用，是节约利用资源的根本途径。要通过科技创新和技术进步深入挖掘资源利用效率，促进资源利用效率不断提升，真正实现资源高效利用，努力用最小的资源消耗支撑经济社会发展。科学的水利工程管理，有助于完善水资源管理制度，加强水源地保护和用水总量管理，加强用水总量控制和定额管理，制定和完善江河流域水量分配方案，推进水循环利用，建设节水型社会。科学的水利工程管理，可以促进水资源的高效利用，减少资源消耗。

我国经济社会快速发展和人民生活水平提高对水资源的需求与水资源时空分布不均以及水污染严重的矛盾，对建设资源节约型和环境友好型社会形成倒逼机制。人的命脉在田，在人口增长和耕地减少的情况下保障国家粮食安全对农田水利建设提出了更高的要求。水利工作需要正确处理经济社会发展和水资源的关系，全面考虑水的资源功能、环境功能和生态功能，对水资源进行合理开发、优化配置、全面节约和有效保护。水利面临的新问题需要有新的应对之策，而水利工程管理又是由问题倒逼而产生，同时又在不断解决问题中得以深化。

（二）对环境保护的促进作用

从宇宙来看，地球是一个蔚蓝色的星球，地球的储水量是很丰富的，共有 14.5 亿立方千米之多，其 71% 的表面积覆盖水。但实际上，地球上 97.5% 的水是咸水，又咸又苦，不能饮用，不能灌溉，也很难应用在工业，能直接被人们生产和生活利用的，少得可怜，淡水仅有 2.5%。而在淡水中，将近 70% 冻结在南极和格陵兰的冰盖中，其余的大部分是土壤中的水分或是深层地下水，难以供人类开采使用。江河、湖泊、水库等来源的水较易于开采供人类直接使用，但其数量不足世界淡水的 1%，约占地球上全部水的 0.007%。全球淡水资源不仅短缺而且地区分布极不平衡。而我国又是一个干旱缺水严重的国家。淡水资源总量为 28000 亿立方米，占全球水资源的 6%，仅为世界平均水平的 1/4、美国的 1/5，在世界上名列一百二十一位，是全球 13 个人均水资源最贫乏的国家之一。扣除难以利用的洪水径流和散布在偏远地区的地下水资源后，中国现实可利用的淡水资源量则更少，仅为 11000 亿立方米左右，人均可利用水资源量约为 900 立方米，并且其分布极不均衡。到 20 世纪末，全国 600 多座城市中，已有 400 多个城市存在供水不足问题，其中比较严重的缺水城市达 110 个，全国城市缺水总量为 60 亿立方米。其中北京市的人均占有水量为全世界人均占有水量的 1/13，连一些干旱的阿拉伯国家都不如。更糟糕的是我国水体水质总体上呈恶化趋势。北方地区"有河皆干，有水皆污"，南方许多重要河流、湖泊污染严重。水环境恶化，严重影响了我国经济社会的可持续发展。而科学的水利工程管理可以促进淡水资源的科学利用，加强水资源的保护。对环境保护起到促进性的作用。水利是现代化建设不可或缺的首要条件，是经济社会发展不可替代的基础支撑，当然也是生态环境改善不可分割的保障系统，其具有很强的公益性、基础性、战略性。

同时，科学的水利工程管理可以加快水力发电工程的建设，而水电又是一种清洁能源，水电的发展有助于减少污染物的排放，进而保护环境。水力发电相较于火力发电等传统发电模式在污染物排放个方面有着得天独厚的优势，水力发电成本低，水力发电只是利用水流所携带的能量，无须再消耗其他动力资源，水力发电直接利用水能，几乎没有任何污染物排放。当前，大多数发达国家的水电开发率很高，有的国家甚至高达 90% 以上，而发展中国家的水电资源开发水平极低，一般在 10% 左右。中国水能资源开发也只达到百分之十几。水电是清洁、环保、可再生能源，可以减少污染物的排放量，改善空气质量；还可以通过"以电代柴"有效保护山林资源，提高森林覆盖率并且保持水土。

一般情况下，地区性气候状况受大气环流所控制，但修建大、中型水库及灌溉工程后，原先的陆地变成了水体或湿地，使局部地表空气变得较湿润，对局部小气候会产生一定的影响，主要表现在对降雨、气温、风和雾等气象因子的影响。而科学的水利工程管理就可对地区的气候施加影响，因时制宜、因地制宜，利于水土保持。而水土保持是生态建设的重要环节，也是资源开发和经济建设的基础工程，科学的水利工程管理，可以快速控制水土流失，提高水资源利用率，通过促进退耕还林还草及封禁保护，加快生态自我修复，实现生态环境的良性循环，改善生产、生活和交通条件，为开发创造良好的建设环境，对环境保护具有重要的促进作用。

而大型水利工程通常既是一项具有巨大综合效益的水利枢纽工程，又是一项改造生态环境的工程。人工自然是人类为满足生存和发展需要而改造自然环境，建造一些生态环境工程。例如，三峡工程具有巨大的防洪效益，可以使荆江河段的防洪标准由十年一遇提高到百年一遇，即使遇到类似 1987 年的特大洪水，也可避免发生毁灭性灾害，这样就可以有效减免洪水灾害对长江中游富庶的江汉平原和洞庭湖区生态环境的严重破坏。最重要的是可以避免人口的大量伤亡，避免洪灾带来的饥荒、救灾赈济和灾民安置等一系列社会问题，可减免洪灾对人们心理上造成的威胁，减缓洞庭湖淤积速度，延长湖泊寿命，还可改善中下游枯水期的时间。三峡水电站每年发电 847 亿千瓦时，与火电相比，为国家节省了大量的原煤，可以有效地减轻对周围环境的污染，具有巨大的环境效益。每年可少排放上万吨二氧化碳，上百万吨二氧化硫，上万吨一氧化碳，37 万吨氮氧化合物，以及大量的废水、废渣；可减轻因有害气体的排放而引起酸雨的危害。三峡工程还可使长江中下游枯水季节的流量显著增大，有利于珍稀动物白鳍豚及其他鱼类安全越冬，减免因水浅而发生的意外死亡事故，还有利于减少长江口盐水上溯长度和入侵时间，减少上海市区人民吃"咸水"的时间，由此看来三峡工程的生态环境效益是巨大的。水生态系统作为生态环境系统的重要部分，在物质循环、生物多样性、自然资源供给和气候调节等个方面起到举足轻重的作用。

（三）对农村生态环境改善的促进作用

促进生态文明是现代社会发展的基本诉求之一，建设社会主义新农村也要实现村容整洁，就必须加强农业水利工程建设，统筹考虑水资源利用、水土流失与污染等一系列问题及其防治措施，实现保护和改善农村生态环境的目的。水利工程管理是现代农业建设不可或缺的首要条件，是经济社会发展不可替代的基础支撑，是生态环境改善不可分割的保障系统，具有很强的公益性、基础性、战略性。加快水利工程发展，不仅事关农业农村发展，而且事关经济社会发展全局；不仅关系到防洪安全、供水安全、粮食安全，而且关系到经济安全、生态安全、国家安全。要把水利工程管理工作摆上党和国家事业发展更加突出的位置，着力加快农田水利工程建设和管理，推动水利工程管理实现跨越式发展。

水利工程管理对农村生态环境改善的促进作用可以具体归纳为以下几点：（1）解决旱

涝灾害。水资源作为人类生存和发展的根本，具有不可替代的作用，但是对我国而言，由于不同气候条件的影响，水资源的空间分布极不均匀，南方水资源丰富，在雨季时常常出现洪涝灾害，而北方水资源相对不足，常见干旱，这两种情况都在很大程度上影响了农业生产的正常进行，影响着人们的日常生产和生活。而水利工程管理，可以有效解决我国水资源分布不均的问题，解决旱涝灾害，促进经济的持续健康发展，如南水北调工程，就是其中的代表性工程。（2）改善局部生态环境。在经济发展的带动下，人们的生活水平不断提高，人口数量不断增加，对资源和能源的需求也在不断提高，现有的资源已经无法满足人们的生产和生活需求。而通过水利工程的兴建和有效管理，不仅可以有效消除旱涝灾害，还可以对局部区域的生态环境进行改善，增加空气湿度，促进植被生长，为经济的发展提供良好的环境支持。（3）优化水文环境。水利工程管理，能够对水污染情况进行及时有效的治理，对河流的水质进行优化。以黄河为例，由于上游黄土高原的土地沙化现象日益严重，河流在经过时，会携带大量的泥沙，产生泥沙的淤积和拥堵现象，而通过兴修水利工程，利用蓄水、排水等操作，可以大大增加下游的水流速度，对泥沙进行排泄，保证河道的畅通。

第二章　施工导流与降排水

第一节　施工导流及其设计规划

一、施工导流的概念

河床上修建水利水电工程时，为了使水工建筑物能保持在干地施工，需要用围堰围护基坑，并将河水引向预定的泄水建筑物泄向下游，这就是施工导流。

二、施工导流的设计与规划

施工导流的方法大体上分为两类：一类是全段围堰法导流（河床外导流）；另一类是分段围堰法导流（河床内导流）。

（一）全段围堰法导流

全段围堰法导流是在河床主体工程的上下游各建一道拦河围堰，使上游来水通过预先修筑的临时或永久泄水建筑物（如明渠、隧洞等）泄向下游，主体建筑物在排干的基坑中进行施工，主体工程建成或接近建成时再封堵临时泄水道。这种方法的优点是工作面大，河床内的建筑物在一次性围堰的围护下建造，如能利用水利枢纽中的永久泄水建筑物导流，可大大节约工程投资。

全段围堰法按泄水建筑物的类型不同可分为明渠导流、隧洞导流、涵管导流等。

1. 明渠导流

上下游围堰一次拦断河床形成基坑，保护主体建筑物干地施工，天然河道水流经河岸或滩地上开挖的导流明渠泄向下游的导流方式称为明渠导流。

（1）明渠导流的适用条件

若坝址河床较窄，或河床覆盖层很深，分期导流困难，且具备下列条件之一的，可考虑采用明渠导流：①河床一岸有较宽的台地、场口或古河道；②导流流量大，地质条件不适于开挖导流隧洞；③施工期有通航、排冰、过木要求；④总工期紧，不具备洞挖经验和设备。

国内外工程实践证明，在导流方案比较过程中，若明渠导流和隧洞导流均可采用时，一般倾向于明渠导流。这是因为明渠开挖可采用大型设备，加快施工进度，对主体工程提前开工有利。施工期间河道有通航、过木和排冰要求时，明渠导流明显更为有利。

（2）导流明渠布置。

导流明渠布置分在岸坡上和在滩地上两种布置形式。

①导流明渠轴线的布置。

导流明渠应布置在较宽台地、场口或古河道一岸；渠身轴线要伸出上下游围堰外坡脚，水平距离要满足防冲要求，一般为50～100米；明渠进出口应与上下游水流相衔接，与河道主流的交角以小于30°为宜；为保证水流畅通，明渠转弯半径应大于5倍渠底宽；明渠轴线布置应尽可能缩短明渠长度和避免深挖方。

②明渠进出口位置和高程的确定。

明渠进出口力求不冲、不淤和不产生回流，可通过水力学模型试验调整进出口形状和位置，以达到这一目的；进口高程按截流设计选择，出口高程一般由下游消能控制；进出口高程和渠道水流流态应满足施工期通航、过木和排冰要求；在满足上述条件下，尽可能抬高进出口高程，以减小水下开挖量。

（3）导流明渠断面设计。

①明渠断面尺寸的确定。

明渠断面尺寸由设计导流流量控制，并受地形地质和允许抗冲流速影响，应按不同的明渠断面尺寸与围堰的组合，通过综合分析确定。

②明渠断面形式的选择。

明渠断面一般设计成梯形，渠底为坚硬基岩时，可设计成矩形。有时为满足截流和通航的不同目的，也可设计成复式梯形断面。

③明渠糙率的确定。

明渠糙率大小直接影响到明渠的泄水能力，而影响糙率大小的因素有衬砌材料、开挖方法、渠底平整度等，可根据具体情况查阅有关手册确定。对大型明渠工程，应通过模型试验选取糙率。

（4）明渠封堵。

导流明渠结构布置应考虑后期封堵要求。当施工期有通航、过木和排冰任务，明渠较宽时，可在明渠内预设闸门墩，以利于后期封堵。施工期无通航、过木和排冰任务时，应于明渠通水前，将明渠坝段施工到适当高程，并设置导流底孔和坝面口，使二者联合泄流。

2. 隧洞导流

上下游围堰一次拦断河床形成基坑，保护主体建筑物干地施工，天然河道水流全部由导流隧洞宣泄的导流方式称为隧洞导流。

(1) 隧洞导流的适用条件。

导流流量不大，坝址河床狭窄，两岸地形陡峻，如一岸或两岸地形、地质条件良好，可考虑采用隧洞导流。

(2) 导流隧洞的布置。

一般情况下应满足以下要求：①隧洞轴线沿线地质条件良好，足以保证隧洞施工和运行的安全。②隧洞轴线宜按直线布置，如有转弯，转弯半径不小于 5 倍洞径（或洞宽），转角不宜大于 60°，弯道首尾应设直线段，长度不应小于 3～5 倍洞径（或洞宽）；进出口引渠轴线与河流主流方向夹角宜小于 30°。③隧洞间净距、隧洞与永久建筑物间距、洞脸与洞顶围岩厚度均应满足结构和应力要求；④隧洞进出口位置应保证水力学条件良好，并伸出堰外坡脚一定距离，一般距离应大于 50 m，以满足围堰防冲要求。进口高程多由截流控制，出口高程由下游消能控制，洞底按需要设计成缓坡或急坡，避免设计成反坡。

(3) 导流隧洞断面设计。

隧洞断面尺寸的大小取决于设计流量、地质和施工条件，洞径应控制在施工技术和结构安全允许范围内。目前，国内单洞断面尺寸多在 200 m^2 以下，单洞泄量不超过 2 000～2 500 m^3/s。

隧洞断面形式取决于地质条件、隧洞工作状况（有压或无压）及施工条件。常用断面形式有圆形、马蹄形、方圆形。圆形多用于高水头处，马蹄形多用于地质条件不良处，方圆形有利于截流和施工。国内外导流隧洞多采用方圆形。

洞身设计中，糙率 n 值的选择是十分重要的问题。糙率的大小直接影响断面的大小，而衬砌与否、衬砌的材料和施工质量、开挖的方法和质量则是影响糙率大小的因素。一般混凝土衬砌糙率值为 0.014～0.017；不衬砌隧洞的糙率变化较大，光面爆破时为 0.025～0.032，一般炮眼爆破时为 0.035～0.044。设计时根据具体条件，查阅有关手册确定。对重要的导流隧洞工程，应通过水工模型试验验证其糙率的合理性。

导流隧洞设计应考虑后期封堵要求，布置封堵闸门门槽及启闭平台设施。有条件者，导流隧洞应与永久隧洞结合，以利节省投资（如小浪底工程的三条导流隧洞后期改建为三条孔板消能泄洪洞）。一般高水头枢纽，导流隧洞只可能与永久隧洞部分相结合，中低水头则有可能全部相结合。

3. 涵管导流

涵管导流一般在修筑土坝、堆石坝工程中采用。

涵管通常布置在河岸岩滩上，其位置在枯水位以上，这样可在枯水期不修围堰或只修一小围堰。先将涵管筑好，然后修上下游全段围堰，将河水引经涵管下泄。

涵管一般是钢筋混凝土结构。当有永久涵管可以利用或修建隧洞有困难时，采用涵管导流是合理的。在某些情况下，可在建筑物基岩中开挖沟槽，必要时予以衬砌，然后封上混凝土或钢筋混凝土顶盖，形成涵管。利用这种涵管导流往往可以获得经济可靠的效果。由于涵管的泄水能力较低，所以一般用在导流流量较小的河流上或只用来担负枯水期的导流任务。

为了防止涵管外壁与坝身防渗体之间的渗流，通常在涵管外壁每隔一定距离设置截流环，以延长渗径，降低渗透坡降，减少渗流的破坏作用。此外，必须严格控制涵管外壁防渗体的压实质量。涵管管身的温度缝或沉陷缝中的止水必须严格施工。

（二）分段围堰法导流

分段围堰法导流也称为分期围堰法或河床内导流，就是用围堰将建筑物分段分期围护起来进行施工的方法。

所谓分段，就是从空间上将河床围护成若干个干地施工的基坑段进行施工。所谓分期，就是从时间上将导流过程划分成阶段。导流的分期数和围堰的分段数并不一定相同，因为在同一导流分期中，建筑物可以在一段围堰内施工，也可以同时在不同段内施工。必须指出的是，段数分得越多，围堰工程量越大，施工也越复杂；同样，期数分得越多，工期有可能拖得越长。因此，在工程实践中，二段二期导流法采用得最多（如葛洲坝工程、三门峡工程等都采用了此法）。只有在比较宽阔的通航河道上施工，不允许断航或其他特殊情况下，才采用多段多期导流法（如三峡工程施工导流就采用二段三期导流法）。

分段围堰法导流一般适用于河床宽阔、流量大、施工期较长的工程，尤其是通航河流和冰凌严重的河流上。这种导流方法的费用较低，国内外一些大中型水利水电工程采用较多。分段围堰法导流，前期由束窄的原河道导流，后期可利用事先修建好的泄水道导流。常见泄水道的类型有底孔导流、坝体缺口导流等。

1. 底孔导流

利用设置在混凝土坝体中的永久底孔或临时底孔作为泄水道，是二期导流经常采用的方法。导流时让全部或部分导流流量通过底孔宣泄到下游，保证后期工程的施工。若是临时底孔，则在工程接近完工或需要蓄水时要加以封堵。

采用临时底孔时，底孔的尺寸、数目和布置要通过相应的水力学计算确定。其中，底孔的尺寸在很大程度上取决于导流的任务（过水、过船、过木和过鱼），以及水工建筑物结构特点和封堵用闸门设备的类型。底孔的布置要满足截流、围堰工程以及本身封堵的要求。如底坎高程布置较高，截流时落差就大，围堰也高。但封堵时的水头较低，封堵就容易。一般底孔的底坎高程应布置在枯水位之下，以保证枯水期泄水。当底孔数目较多时，可把底孔布置在不同的高程，封堵时从最低高程的底孔堵起，这样可以减小封堵时所承受的水压力。

临时底孔的断面形状多采用矩形，为了改善孔周的应力状况，也可采用有圆角的矩形。按水工结构要求，孔口尺寸应尽量小，但某些工程由于导流流量较大，只好采用尺寸较大的底孔。

底孔导流的优点是挡水建筑物上部的施工可以不受水流的干扰，有利于均衡连续施工，这对修建高坝特别有利。当坝体内设有永久底孔可以用来导流时，更为理想。底孔导流的缺点是：由于坝体内设置了临时底孔，钢材用量增加；如果封堵质量不好，会削弱坝体的整体性，还有可能漏水；在导流过程中底孔有被漂浮物堵塞的危险；封堵时由于水头较高，安放闸门及止水等均较困难。

2. 坝体缺口导流

混凝土坝施工过程中，当汛期河水暴涨暴落，其他导流建筑物不足以宣泄全部流量时，为了不影响坝体施工进度，使坝体在涨水时仍能继续施工，可以在未建成的坝体上预留缺口，以便配合其他建筑物宣泄洪峰流量。待洪峰过后，上游水位回落，再继续修筑缺口。所留缺口的宽度和高度取决于导流设计流量、其他建筑物的泄水能力、建筑物的结构特点和施工条件。采用底坎高程不同的缺口时，为避免高低缺口单宽流量相差过大，产生高缺口向低缺口的侧向泄流，引起压力分布不均匀，需要适当控制高低缺口间的高差。

在修建混凝土坝时，特别是大体积混凝土坝时，由于这种导流方法比较简单，常被采用。上述两种导流方式一般只适用于混凝土坝，特别是重力式混凝土坝。至于土石坝或非重力式混凝土坝，采用分段围堰法导流，常与隧洞导流、明渠导流等河床外导流方式相结合。

第二节 施工导流挡水与泄水建筑物

一、施工导流挡水建筑物

围堰是导流工程中临时的挡水建筑物，用来围护施工中的基坑，保证水工建筑物能在干地施工。在导流任务结束后，如果围堰对永久建筑物的运行有妨碍或没有考虑作为永久建筑物的一部分，应予拆除。

按所使用的材料，水利水电工程中经常采用的围堰可分为土石围堰、混凝土围堰、钢板桩格形围堰和草土围堰等。

按围堰与水流方向的相对位置，可分为横向围堰和纵向围堰。按导流期间基坑淹没条件，可分为过水围堰和不过水围堰。过水围堰除需要满足一般围堰的基本要求外，还要满足围堰顶过水的专门要求。

选择围堰形式时，必须根据当时当地的具体条件，在满足下述基本要求的原则下，通过技术经济比较加以确定：（1）具有足够的稳定性、防渗性、抗冲性和一定的强度；（2）造价低，构造简单，修建、维护和拆除方便；（3）围堰的布置应力求使水流平顺，不发生严重的水流冲刷；（4）围堰接头和岸边连接都要安全可靠，不致因集中渗漏等破坏作用而引起围堰失事；（5）必要时，应设置抵抗冰凌、船筏冲击和破坏的设施。

（一）围堰的基本形式和构造

1. 土石围堰

土石围堰是水利水电工程中采用最为广泛的一种围堰形式。它是用当地材料填筑而成的，不仅可以就地取材和充分利用开挖弃料做围堰填料，而且构造简单，施工方便，易于拆除，工程造价低，可以在流水中、深水中、岩基或有覆盖层的河床上修建。但其工程量较大，堰身沉陷变形也较大。如柘溪水电站的土石围堰一年中累计沉陷量最大达 40.1 cm，为堰高的 1.75%。一般为 0.8%～1.5%。

因土石围堰断面较大，一般用于横向围堰。但在宽阔河床的分期导流中：由于围堰束窄，河床增加的流速不大，也可作为纵向围堰，但须注意防冲设计，以确保围堰安全。

土石围堰的设计与土石坝基本相同，但其结构形式在满足导流期正常运行的情况下应力求简单、便于施工。

2. 混凝土围堰

混凝土围堰的抗冲击与抗渗透能力强，挡水水头高，底宽小，易与永久混凝土建筑物相连接，必要时还可以过水，因此采用得比较广泛。在国外，采用拱形混凝土围堰的工程较多。近年来，国内贵州省的乌江渡、湖南省凤滩等水利水电工程也采用过拱形混凝土围堰作为横向围堰，但多数还是以重力式围堰作为纵向围堰，如三门峡、丹江口、三峡等水利工程的混凝土纵向围堰均为重力式混凝土围堰。

（1）拱形混凝土围堰。

拱形混凝土围堰一般适用于两岸陡峻、岩石坚固的山区河流，常采用隧洞及允许基坑淹没的导流方案。通常围堰的拱座是在枯水期的水面以上施工的。对围堰的基础处理：当河床的覆盖层较薄时，须进行水下清基；当覆盖层较厚时，则可灌注水泥浆防渗加固。堰身的混凝土浇筑则要进行水下施工，因此难度较高。在拱基两侧要回填部分沙砾料以利灌浆，形成阻水帷幕。

拱形混凝土围堰由于利用了混凝土抗压强度高的特点，与重力式相比，断面较小，可节省混凝土工程量。

（2）重力式混凝土围堰。

采用分段围堰法导流时，重力式混凝土围堰往往可兼作第一期和第二期纵向围堰，两侧均能挡水，还能作为永久建筑物的一部分，如隔墙、导墙等。重力式围堰可做成普通的实心式，与非溢流重力坝类似。也可做成空心式，如三门峡工程的纵向围堰。

纵向围堰需抗御高速水流的冲刷，所以一般修建在岩基上。为保证混凝土的施工质量，一般可将围堰布置在枯水期出露的岩滩上。例如，果这样还不能保证干地施工，则通常需另修土石低水围堰加以围护。

重力式混凝土围堰现在有普遍采用碾压混凝土的趋势，如三峡工程三期上游横向围堰及纵向围堰均采用碾压混凝土。

（3）钢板桩格形围堰。

钢板桩格形围堰是重力式挡水建筑物，由一系列彼此相接的格体构成。按照格体的平面形状，可分为圆筒形格体、扇形格体和花瓣形格体。这些形式适用于不同的挡水高度，应用较多的是圆筒形格体。它由许多钢板桩通过锁口互相连接而成为格形整体。钢板桩的锁口有握裹式、互握式和倒钩式三种。格体内填充透水性强的填料，如沙、砂卵石或石渣等。在向格体内填料时，必须保持各格体内的填料表面大致均衡上升，因为高差太大会使格体变形。

钢板桩格形围堰的优点有：坚固、抗冲、抗渗、围堰断面小、便于机械化施工；钢板桩的回收率高，可达70%以上；尤其适用于在束窄度大的河床段作为纵向围堰。但由于需要大量的钢材，且施工技术要求高，在我国目前仅应用于大型工程中。

圆筒形格体钢板桩围堰一般适用的挡水高度小于18 m，可以建在岩基上或非岩基上。圆筒形格体钢板桩围堰也可作为过水围堰。

圆筒形格体钢板桩围堰的修建由定位、打设模架支柱、模架就位、安插钢板桩、打设钢板桩、填充料渣、取出模架及其支柱和填充料渣到设计高程等工序组成。

圆筒形格体钢板桩围堰一般需在流水中修筑，受水位变化和水面波动的影响较大，故施工难度较大。

（4）草土围堰。

草土围堰是一种以麦草、稻草、芦柴、柳枝和土为主要原料的草土混合结构。我国运用它已经有2 000多年的历史。这种围堰主要用于黄河流域的渠道春修堵口工程中。中华人民共和国成立后，在青铜峡、盐锅峡、八盘峡、黄坛口等工程中均得到应用。草土围堰施工简单、速度快、取材容易、造价低，拆除也方便，具有一定的抗冲、抗渗能力，堰体的容重较小，特别适用于软土地基。但这种围堰不能承受较大的水头，所以仅限水深不超过6 m、流速不超过3.5 m/s、使用期两年以内的工程。草土围堰的施工方法比较特殊，就其实质来说也是一种进占法。按其所用草料形式的不同，可分为散草法、捆草法、埽捆法三种；按其施工条件可分为水中填筑和干地填筑两种。由于草土围堰本身的特点，水中填筑质量比干地填筑容易保证，这是与其他围堰所不同的。实践中的草土围堰普遍采用捆草法施工。

（二）围堰的平面布置

围堰的平面布置主要包括围堰内基坑范围确定和分期导流纵向围堰布置两项内容。

1. 围堰内基坑范围确定

围堰内基坑范围大小主要取决于主体工程的轮廓和相应的施工方法。当采用一次拦断法导流时，围堰基坑是由上下游围堰和河床两岸围成的。当采用分期导流时，围堰基坑由纵向围堰与上下游横向围堰围成。在上述两种情况下，上下游横向围堰的布置，都取决于主体工程的轮廓。通常基坑坡趾距离主体工程轮廓的距离不应小于20～30 m，以便布置排水设施、交通运输道路、堆放材料和模板等。至于基坑开挖边坡的大小，则与地质条件有关。当纵向围堰不作为永久建筑物的一部分时，基坑坡趾距离主体工程轮廓的距离，一般不小于2.0 m，以便布置排水导流系统和堆放模板。如果无此要求，只需留0.4～0.6 m。至于基坑开挖边坡的大小，则与地质条件有关。

实际工程的基坑形状和大小往往是很不相同的。有时可以利用地形以减小围堰的高度和长度；有时为照顾个别建筑物施工的需要，将围堰轴线布置成折线形；有时为了避开岸边较大的溪沟，也采用折线布置。为了保证基坑开挖和主体建筑物的正常施工，基坑范围应当有一定的富余。

2. 分期导流纵向围堰布置

在分期导流方式中，纵向围堰布置是施工中的关键问题，选择纵向围堰位置，实际上就是要确定适宜的河床束窄度。束窄度就是天然河流过水面积被围堰束窄的程度，一般可用下式表示：

$$K = \frac{A_2}{A_1} \times 100\%$$

式中，K——河床的束窄度，一般取值为47%～68%；

A_1——原河床的过水面积，m^2；

A_2——围堰和基坑所占据的过水面积，m^2。

适宜的纵向围堰位置与以下主要因素有关。

（1）地形地质条件。

河心洲、浅滩、小岛、基岩露头等都是可供布置纵向围堰的有利条件，这些部位便于施工，并有利于防冲保护。例如，三门峡工程曾巧妙地利用了河心的几个礁岛来布置纵、横围堰。葛洲坝工程施工初期，也曾利用江心洲作为天然的纵向围堰。三峡工程利用江心洲三斗坪作为纵向围堰的一部分。

（2）水工布置。

尽可能利用厂坝、厂闸、闸坝等建筑物之间的隔水导墙作为纵向围堰的一部分。例如，葛洲坝工程就是利用厂闸导墙，三峡、三门峡、丹江口工程则利用厂坝导墙作为二期纵向围堰的一部分。

（3）河床允许束窄度。

河床允许束窄度主要与河床地质条件和通航要求有关。对非通航河道，如河床易冲刷，一般允许河床产生一定程度的变形，只要能保证河岸、围堰堰体和基础免受淘刷即可。束窄流速常可允许达到3 m/s左右，岩石河床允许束窄度主要视岩石的抗冲流速而定。

对一般性河流和小型船舶，当缺乏具体研究资料时，可参考以下数据：当流速小于2.0 m/s时，机动木船可以自航；当流速小于3.0～3.5 m/s，且局部水面集中落差不大于0.5 m时，拖轮可自航；木材流放最大流速可考虑为3.5～4.0 m/s。

（4）导流过水要求。

进行一期导流布置时，不但要考虑束窄河道的过水条件，而且要考虑二期截流与导流的要求。主要应考虑的问题是：一期基坑中能否布置下宣泄二期导流流量的泄水建筑物，由一期转入二期施工时的截流落差是否太大。

（5）施工布局的合理性。

各期基坑中的施工强度应尽量均衡。一期工程施工强度可比二期低些，但不宜相差太悬殊。如有可能，分期分段数应尽量少一些。导流布置应满足总工期的要求。

以上五个方面，仅仅是选择纵向围堰位置时应考虑的主要问题。如果天然河槽呈对称形状，没有明显有利的地形地质条件可供利用时，可以通过经济比较方法选定纵向围堰的适宜位置，使一、二期总的导流费用最小。

分期导流时，上下游围堰一般不与河床中心线垂直，围堰的平面布置常呈梯形，既可使水流顺畅，同时也便于运输道路的布置和衔接。当采用一次拦断法导流时，上下游围堰不存在突出的绕流问题，为了减少工程量，围堰多与主河道垂直。

纵向围堰的平面布置形状对过水能力有较大的影响，但是围堰的防冲安全通常比前者更重要。实践中常采用流线型和挑流式布置。

（三）围堰的拆除

围堰是临时建筑物，导流任务完成后，应按设计要求拆除，以免影响永久建筑物的施工及运转。例如，在采用分段围堰法导流时，第一期横向围堰的拆除如果不符合要求，就会增加上下游水位差，从而增加截流工作的难度，增大截流料物的质量及数量。这类教训在国内外有不少，例如，苏联的伏尔谢水电站截流时，上下游水位差是 1.88 m，其中由于引渠和围堰没有拆除干净造成的水位差就有 1.77 m。又如下，游围堰拆除不干净，会抬高尾水位，影响水轮机的利用水头，例如，浙江省富春江水电站曾受此影响，降低了水轮机出力，造成不应有的损失。

土石围堰相对来说断面较大，拆除工作一般是在运行期限的最后一个汛期过后，随上游水位的下降，逐层拆除围堰的背水坡和水上部分。但必须保证依次拆除后所残留的断面能继续挡水和维持稳定，以免发生安全事故，使基坑过早淹没，影响施工。土石围堰的拆除一般可用挖土机开挖或爆破开挖等方法。

钢板桩格形围堰的拆除，首先要用抓斗或吸石器将填料清除，然后用拔桩机起拔钢板桩。混凝土围堰的拆除，一般只能用爆破法炸除。但应注意，必须使主体建筑物或其他设施不受爆破危害。

二、施工导流泄水建筑物

导流泄水建筑物是用以排放多余水量、泥沙和冰凌等的水工建筑物，具有安全排洪、放空水库的功能。对水库、江河、渠道或前池等的运行起太平门的作用，也可用于施工导流。溢洪道、溢流坝、泄水孔、泄水隧洞等是泄水建筑物的主要形式。和坝结合在一起的称为坝体泄水建筑物，设在坝身以外的常统称为岸边泄水建筑物。泄水建筑物是水利枢纽的重要组成部分，其造价常占工程总造价的很大部分。所以，合理选择泄水建筑物形式，确定其尺寸十分重要。泄水建筑物按其进口高程可布置成表孔、中孔、深孔或底孔。表孔泄流与进口淹没在水下的孔口泄流，由于泄流量分别与 $3H/2$ 和 $H/2$ 成正比（H 为水头），所以在同样水头时，前者具有较大的泄流能力，方便可靠，是溢洪道及溢流坝的主要形式。深孔及隧洞一般不作为重要大泄量水利枢纽的单一泄洪建筑物。葛洲坝水利枢纽二江泄水闸泄流能力为 84000 m^3/s，加上冲沙闸和电站，总泄洪能力达 110000 m^3/s，是目前世界上泄流能力最大的水利枢纽工程。

泄水建筑物的设计主要应确定：①水位和流量；②系统组成；③位置和轴线；④孔口形式和尺寸。总泄流量、枢纽各建筑物应承担的泄流量、形式选择及尺寸根据当地水文、地质、地形，以及枢纽布置和施工导流方案的系统分析与经济比较决定。对多目标或高水头、窄河谷、大流量的水利枢纽，一般可选择采用表孔、中孔或深孔，坝身与坝体外泄流，坝与厂房顶泄流等联合泄水方式。我国贵州省乌江渡水电站采用隧洞、坝身泄水孔、电站、岸边滑雪式溢洪道和挑越厂房顶泄洪等组合形式，在 165 m 坝高、窄河谷、岩溶和软弱地基条件下，最大泄流能力达 21350 m^3/s。通过大规模原型观测和多年运行确认该工程泄洪效果好，枢纽布置比较成功。修建泄水建筑物，关键是要解决好消能防冲和防空蚀、抗磨损。对较轻型建筑物或结构，还应防止泄水时的振动。泄水建筑物设计和运行实践的发展与结构力学和水力学的进展密切相关。近年来，高水头窄河谷宣泄大流量、高速水流压力脉动、高含沙水流泄水、大流量施工导流、高水头闸门技术，以及抗震、减振、掺气减蚀、高强度耐蚀耐磨材料的开发和进展，对泄水建筑物设计、施工、运行水平的提高起了很大的推动作用。

第三节　基坑降排水

修建水利水电工程时，在围堰合龙闭气以后，就要排除基坑内的积水和渗水，以保持基坑处于基本干燥状态，以利于基坑开挖、地基处理及建筑物的正常施工。

基坑排水工作按排水时间及性质，一般可分为：（1）基坑开挖前的初期排水，包括基坑积水、基坑积水排除过程中的围堰堰体与基础渗水、堰体及基坑覆盖层的含水率以及可能出现的降水的排除；（2）基坑开挖及建筑物施工过程中的经常性排水，包括围堰和基坑渗水、降水以及施工弃水量的排除。如果按排水方法分，有明式排水和人工降低地下水位两种。

一、明式排水

（一）排水量的确定

1. 初期排水排水量估算

初期排水主要包括基坑积水、围堰与基坑渗水两部分。对降雨，因为初期排水是在围堰或截流戗堤合龙闭气后立即进行的，通常是在枯水期内，而枯水期降雨很少，所以一般可不予考虑。除积水和渗水外，有时还需考虑填方和基础中的饱和水。

基坑积水体积可按基坑积水面积和积水深度计算，这是比较容易的。但是排水时间 T 的确定就比较复杂，排水时间 T 主要受基坑水位下降速度的限制，基坑水位的允许下降速度视围堰种类、地基特性和基坑内水深而定。水位下降太快，则围堰或基坑边坡中动水压力变化过大，容易引起坍坡；水位下降太慢，则影响基坑开挖时间。一般认为，土石围堰的基坑水位下降速度应限制在 $0.5\sim0.7$ m/d，木笼及板桩围堰等应小于 $1.0\sim1.5$ m/d。初期排水时间，大型基坑一般可采用 $5\sim7$ d，中型基坑一般不超过 $3\sim5$ d。

通常，当填方和覆盖层体积不太大时，在初期排水且基础覆盖层尚未开挖时，可不必计算饱和水的排除。如需计算，可按基坑内覆盖层总体积和孔隙率估算饱和水总水量。

按以上方法估算初期排水流量，选择抽水设备，往往很难符合实际。在初期排水过程中，可以通过试抽法进行校核和调整，并为经常性排水计算积累一些必要资料。试抽时如果水位下降很快，则显然是所选择的排水设备容量过大，此时应关闭一部分排水设备，使水位下降速度符合设计规定。试抽时若水位不变，则显然是设备容量过小或有较大渗漏通道存在。此时，应增加排水设备容量或找出渗漏通道予以堵塞，然后进行抽水。还有一种情况是水位降至一定深度后就不再下降，这说明此时排水流量与渗流量相等，据此可估算出需增加的设备容量。

2. 经常性排水排水量的确定

经常性排水的排水量主要包括围堰和基坑的渗水、降雨、地基岩石冲洗及混凝土养护用废水等。设计中一般考虑两种不同的组合，从中择其大者，以选择排水设备。一种组合是渗水加降雨，另一种组合是渗水加施工废水。降雨和施工废水不必组合在一起，因为二者不会同时出现。如果全部叠加在一起，显然太保守。

（1）降雨量的确定

在基坑排水设计中，对降雨量的确定尚无统一的标准。大型工程可采用 20 年一遇 3 日降雨中最大的连续降雨量，再减去估计的径流损失值（每小时 1 mm），作为降雨强度。也有的工程采用日最大降雨强度。基坑内的降雨量可根据上述计算降雨强度和基坑集雨面积求得。

(2) 施工废水

施工废水主要考虑混凝土养护用水,其用水量估算应根据气温条件和混凝土养护的要求而定。一般初估时可按每立方米混凝土每次用水 5 L 每天养护 8 次计算。

(3) 渗透流量计算

通常,基坑渗透总量包括围堰渗透量和基础渗透量两部分。关于渗透量的详细计算方法,在水力学、水文地质和水工结构等论著中均有介绍,这里仅介绍估算渗透流量常用的一些方法,以供参考。

按照基坑条件和所采用的计算方法,有以下几种计算情况。

(1) 基坑远离河岸不必设围堰时渗入基坑的全部流量 Q 的计算。

首先按基坑宽长比将基坑区分为窄长形基坑(宽长比 ≤ 0.1)和宽阔基坑(宽长比 > 0.1)。前者按沟槽公式计算,后者则化为等效的圆井,按井的渗流公式计算。圆井还可以区分为无压完全井、无压不完全井、承压完全井、承压不完全井等情况,参考有关水力学手册计算。

(2) 筑有围堰时基坑渗透量的简化计算。

与前一种情况相仿,也将基坑简化为等效圆井计算。常遇到的情况有以下两种。

①无压完整形基坑。首先分别计算出上、下游面基坑的渗流量 Q_{1s} 和 Q_{2s},然后相加,则得基坑总渗流量。

$$Q_{1s} = \frac{1.365}{2} \frac{K_s (2s_1 - T_1) T_1}{\lg \frac{R_1}{r_0}}$$

$$Q_{2s} = \frac{1.365}{2} \frac{K_s (2s_2 - T_2) T_2}{\lg \frac{R_2}{r_0}}$$

式中:K_s——基础的渗透系数;

R_1、R_2——降水曲线的影响半径。

②无压不完整形基坑。在此情况下,除坑壁渗透流量 Q_{1s} 和 Q_{2s} 仍按完整井基坑公式计算外,尚需计入坑底渗透流量 q_1 和 Q_s。基坑总渗透流量 Q_s 为:

$$Q_s = Q_{1s} + Q_{2s} + q_1 + q_2$$

(3) 考虑围堰结构特点的渗透计算。

以上两种简化方法,是把宽阔基坑,甚至连同围堰在内,化为等效圆形直井计算,这显然是十分粗略的。当基坑为窄长形且须考虑围堰结构特点时,渗水量的计算可分为围堰和基础两部分,分别计算后予以叠加。按这种方法计算时,采用以下简化假定:计算围堰渗透时，假定基础是不透水的；计算基础渗透时，则认为围堰是不透水的。有时，并不进行这种区分，而将围堰和基础一并考虑，也可选用相应的计算公式。由于围堰的种类很多，各种围堰的渗透计算公式可查阅有关水工手册和水力计算手册。

应当指出的是，应用各种公式估算渗流量的可靠性，不仅取决于公式本身的精度，还取决于计算参数的正确选择。特别是像渗透系数这类物理常数，对计算结果的影响很大。但是，在初步估算时，往往不可能获得较为详尽而可靠的渗透系数资料。此时，也可采用更简便的估算方法。

（二）基坑排水系统布置

基坑排水系统的布置通常应考虑两种不同情况：一种是基坑开挖过程中的排水系统布置；另一种是基坑开挖完成后修建建筑物时的排水系统布置。布置时，应尽量同时兼顾这两种情况，并且使排水系统尽可能不影响施工。

基坑开挖过程中的排水系统布置，应以不妨碍开挖和运输工作为原则。一般将排水干沟布置在基坑中部，以利于两侧出土。随着基坑开挖工作的进展，逐渐加深排水干沟和支沟。通常保持干沟深度为 $1\sim1.5$ m，支沟深度为 $0.3\sim0.5$ m。集水井多布置在建筑物轮廓线外侧，井底应低于干沟沟底。但是，由于基坑坑底高程不一，有的工程就采用层层设截流沟、分级抽水的办法，即在不同高程上分别布置截水沟、集水井和水泵站，进行分级抽水。

建筑物施工时的排水系统通常都布置在基坑四周。排水沟应布置在建筑物轮廓线外侧，且距离基坑边坡坡脚不少于 $0.3\sim0.5$ m。排水沟的断面尺寸和底坡大小取决于排水量的大小。一般排水沟底宽不小于 0.3 m，沟深不大于 1.0 m，底坡不小于 2% 的密实土层中，排水沟可以不用支撑，但在松土层中，则需用木板或麻袋装石来加固。

水经排水沟流入集水井后，利用在井边设置的水泵站，将水从集水井中抽出。集水井布置在建筑物轮廓线以外较低的地方，它与建筑物外缘的距离必须大于井的深度。井的容积至少要能保证水泵停止抽水 $10\sim15$ min 后，井水不致漫溢。集水井可为长方形，边长 $1.5\sim2.0$ m，井底高程应低于排水沟底 $1.0\sim2.0$ m。在土中挖井，其底面应铺填反滤料。在密实土中，井壁用框架支撑在松软土中，利用板桩加固。如板桩接缝漏水，尚需在井壁外设置反滤层。集水井不仅可用来集聚排水沟的水量，还应有澄清水的作用，因为水泵的使用年限与水中含沙量的多少有关。为了保护水泵，集水井宜稍微偏大、偏深一些。

为防止降雨时地面径流进入基坑而增加抽水量，通常在基坑外缘边坡上挖截水沟，以拦截地面水。截水沟的断面及底坡应根据流量和土质而定，一般沟宽和沟深不小于 0.5 m，底坡不小于 2%。基坑外地面排水系统最好与道路排水系统相结合，以便自流排水。为了降低排水费用，当基坑渗水水质符合饮用水或其他施工用水要求时，可将基坑排水与生活、施工供水相结合。丹江口工程的基坑排水就直接引入供水池，供水池上设有溢流闸门，多余的水则溢入江中。

明式排水系统最适用于岩基开挖。对沙砾石或粗沙覆盖层，在渗透系数 $K_s > 2\times10^{-1}$ cm/s，且围堰内外水位差不大的情况下也可用。在实际工程中也有超出上述界限的，例如，丹江口工程的细砂地基，渗透系数约为 2×10^{-2} cm/s，采取适当措施后，明式排水也取得了成功。不过，一般认为当 $K_s < 10^{-1}$ cm/s 时，以采用人工降低水位法为宜。

二、人工降低地下水位

经常性排水过程中，为了保持基坑开挖工作始终在干地进行，常常要多次降低排水沟和集水井的高程，变换水泵站的位置，这会影响开挖工作的正常进行。此外，在开挖细砂土、砂壤土一类地基时，随着基坑底面的下降，坑底与地下水位的高差越来越大，在地下水渗透压力作用下，容易发生边坡脱滑、坑底隆起等事故，甚至危及邻近建筑物的安全，给开挖工作带来不良影响。

采用人工降低地下水位，可以改变基坑内的施工条件，防止流砂现象的发生，基坑边坡可以陡些，从而可以大大减少挖方量。人工降低地下水位的基本做法是：在基坑周围钻设一些井，地下水渗入井中后，随即被抽走，使地下水位线降到开挖的基坑底面以下，一般应使地下水位降到基坑底部 0.5～1.0 m 处。

人工降低地下水位的方法按排水工作原理可分为管井法和井点法两种。管井法是单纯重力作用排水，适用于渗透系数 Ks=10～250 m/d 的土层；井点法还附有真空或电渗排水的作用，适用于 K=0.1～50 m/d 的土层。

（一）管井法降低地下水位

管井法降低地下水位时，在基坑周围布置一系列管井，管井中放入水泵的吸水管，地下水在重力作用下流入井中，被水泵抽走。管井法降低地下水位时，须先设置管井，管井通常采用下沉钢井管，在缺乏钢管时也可用木管或预制混凝土管代替。

井管的下部安装滤水管节（滤头），有时在井管外还须设置反滤层，地下水从滤水管进入井内，水中的泥沙则沉淀在沉淀管中。滤水管是井管的重要组成部分，其构造对井的出水量和可靠性影响很大。要求它过水能力大，进入的泥沙少，有足够的强度和耐久性。

井管埋设可采用射水法、振动射水法及钻孔法下沉。射水下沉时，先用高压水冲土下沉套管，较深时可配合振动或锤击（振动水冲法），然后在套管中插入井管，最后在套管与井管的间隙中间填反滤层并拔套管，反滤层每填高一次便拔一次套管，逐层上拔，直至完成。

管井中抽水可应用各种抽水设备，但主要的是普通离心式水泵、潜水泵和深井水泵，分别可降低水位 3～6 m、6～20 m 和 20 m 以上，一般采用潜水泵较多。用普通离心式水泵抽水，由于吸水高度的限制，当要求降低地下水位较深时，要分层设置管井，分层进行抽水。

在要求大幅度降低地下水位的深井中抽水时，最好采用专用的离心式深井水泵。每个深井水泵都是独立工作，井的间距也可以加大。深井水泵一般深度大于 20 m，排水效率高，需要井数少。

（二）井点法降低地下水位

井点法与管井法不同，它把井管和水泵的吸水管合二为一，简化了井的构造。井点法降低地下水位的设备，根据其降深能力分为轻型井点（浅井点）和深井点等。其中最常用的是轻型井点，是由井管、集水总管、普通离心式水泵、真空泵和集水箱等设备所组成的排水系统。

轻型井点系统的井点管为直径 38～50 mm 的无缝钢管，间距为 0.6～1.8 m，最大可达 3.0 m。地下水从井管下端的滤水管借真空泵和水泵的抽吸作用流入管内，沿井管上升汇入集水总管，流入集水箱，由水泵排出。轻型井点系统开始工作时，先开动真空泵，排除系统内的空气，待集水箱内的水面上升到一定高度后，再启动水泵排水。水泵开始抽水后，为了保持系统内的真空度，仍需真空泵配合水泵工作。这种井点系统也叫真空井点。井点系统排水时，地下水位的下降深度取决于集水箱内的真空度与管路的漏气情况和水头损失。一般集水箱内真空度为 80 kPa（400～600 mmHg），相当的吸水高度为 5～8 m，扣除各种损失后，地下水位的下降深度为 4～5 m。

当要求地下水位降低的深度超过 4～5 m 时，可以像管井一样分层布置井点，每层控制范围 3～4 m，但以不超过 3 层为宜。分层太多，基坑范围内管路纵横，妨碍交通，影响施工，同时增加挖方量。而且当上层井点发生故障时，下层水泵能力有限，地下水位回升，基坑有被淹没的可能。

真空井点抽水时，在滤水管周围形成了一定的真空梯度，加快了土的排水速度，因此即使在渗透系数小的土层中，也能够进行工作。

布置井点系统时，为了充分发挥设备能力，集水总管、集水管和水泵应尽量接近天然地下水位。当需要几套设备同时工作时，各套总管之间最好接通，并安装开关，以便相互支援。

井管的安设，一般用射水法下沉。距孔口 1.0 m 范围内，应用黏土封口，以防漏气。排水工作完成后，可利用杠杆将井管拔出。

深井点与轻型井点不同，它的每一根井管上都装有扬水器（水力扬水器或压气扬水器），因此它不受吸水高度的限制，有较大的降深能力。

深井点有喷射井点和压气扬水井点两种。喷射井点由集水池、高压水泵、输水干管和喷射井管等组成。通常一台高压水泵能为 30～35 个井点服务，其最适宜的降水位范围为 5～18 m。喷射井点的排水效率不高，一般用于渗透系数为 3～50 m/d、渗流量不大的场合。压气扬水井点是用压气扬水器进行排水。排水时压缩空气由输气管送来，由喷气装置进入扬水管，于是，管内容重较轻的水气混合液，在管外水压力的作用下，沿水管上升到地面排走。为达到一定的扬水高度，就必须将扬水管沉入井中有足够的潜没深度，使扬水管内外有足够的压力差。压气扬水井点降低地下水位最大可达 40 m。

（三）工降低地下水位的设计与计算

采用人工降低地下水位进行施工时，应根据要求的地下水位下降深度、水文地质条件、施工条件以及设备条件等，确定排水总量（总渗流量），计算管井或井点的需要量，选择抽水设备，进行抽水排水系统的布置。

总渗流量的计算，可参考前面经常性排水中所介绍的方法和其他有关论著。

管井和井点数目 n 可根据总渗流量 Q 和单井集水能力 Q_{max} 决定，即：

$$n = \frac{Q}{0.8Q_{max}}$$

单井的集水能力取决于滤水管面积和通过滤水管的允许流速，即：

$$Q_{max} = 2\pi r_0 l \upsilon_p$$

式中，r_0——滤水管的半径，m（当滤水管四周不设反滤层时，用滤水管半径，设反滤层时，半径应包括反滤层在内）；

l——滤水管的长度，m；

υ_p——允许流速，"K_s" 在 "$\upsilon_p = 65\sqrt[3]{K_s}$" 里，m/d，为渗透系数。

根据上面计算确定的 n 值，考虑到抽水过程中有些井可能被堵塞，因此尚应增加 5%～10%。管井或井点的间距 d 可根据排水系统的周线长度 L（单位为 m）来确定，即：

$$d = \frac{L}{n}$$

第三章　混凝土工程施工

第一节　混凝土的分类及性能

一、分类

（一）按胶凝材料分

1. 无机胶凝材料混凝土

无机胶凝材料混凝土包括石灰硅质胶凝材料混凝土（如硅酸盐混凝土）、硅酸盐水泥系混凝土（如硅酸盐水泥、普通水泥、矿渣水泥、粉煤灰水泥、火山灰质水泥、早强水泥混凝土等）、钙铝水泥系混凝土（如高铝水泥、纯铝酸盐水泥、喷射水泥，超速硬水泥混凝土等）、石膏混凝土、镁质水泥混凝土、硫黄混凝土、水玻璃氟硅酸钠混凝土、金属混凝土（用金属代替水泥作胶结材料）等。

2. 有机胶凝材料混凝土

有机胶凝材料混凝土主要有沥青混凝土和聚合物水泥混凝土、树脂混凝土、聚合物浸渍混凝土等。

（二）按表观密度分

混凝土按照表观密度的大小可分为重混凝土、普通混凝土、轻质混凝土。这三种混凝土的不同之处在于骨料不同。

1. 重混凝土

重混凝土是表观密度大于 $2\,500\ kg/m^3$，用特别密实和特别重的骨料制成的混凝土，如重晶石混凝土、钢屑混凝土等，它们具有不透 X 射线的性能，常由重晶石和铁矿石配制而成。

2.普通混凝土

普通混凝土即是我们在建筑中常用的混凝土，表观密度为 1 950～2 500 kg/m³，主要以沙、石子为主要骨料配制而成，是土木工程中最常用的混凝土品种。

3.轻质混凝土

轻质混凝土是表观密度小于 1 950 kg/m³ 的混凝土。它又可以分为三类：

（1）轻骨料混凝土。

其表观密度为 800～1 950 kg/m³。轻骨料包括浮石、火山渣、陶粒、膨胀珍珠岩、膨胀矿渣、矿渣等。

（2）多孔混凝土（泡沫混凝土、加气混凝土）。

其表观密度为 300～1 000 kg/m³。泡沫混凝土是由水泥浆或水泥砂浆与稳定的泡沫制成的。加气混凝土为由水泥、水与发气剂制成的。

（3）大孔混凝土（普通大孔混凝土、轻骨料大孔混凝土）。

其组成中无细骨料。普通大孔混凝土的表观密度为 1 500～1 900 kg/m³，是用碎石、软石、重矿渣作骨料配制的。轻骨料大孔混凝土的表观密度为 500～1 500 kg/m3，是用陶粒、浮石、碎砖、矿渣等作为骨料配制的。

（三）按使用功能分

按使用功能可分为结构混凝土、保温混凝土、装饰混凝土、防水混凝土、耐火混凝土、水工混凝土、海工混凝土、道路混凝土、防辐射混凝土等。

（四）按施工工艺分

按施工工艺可分为离心混凝土、真空混凝土、灌浆混凝土、喷射混凝土、碾压混凝土、挤压混凝土、泵送混凝土等。按配筋方式分为素（无筋）混凝土、钢筋混凝土、钢丝网水泥、纤维混凝土、预应力混凝土等。

（五）按拌和物的流动性能分

按拌和物流动性能可分为干硬性混凝土、半干硬性混凝土、塑性混凝土、流动性混凝土、高流动性混凝土、流态混凝土等。

（六）按掺合料分

按掺合料可分为粉煤灰混凝土、硅灰混凝土、矿渣混凝土、纤维混凝土等。

另外，混凝土还可按抗压强度分为低强度混凝土（抗压强度小于 30 MPa）、中强度混凝土（抗压强度 30～60 MPa）和高强度混凝土（抗压强度大于等于 60 MPa）；按每立方米水泥用量又可分为贫混凝土（水泥用量不超过 170 kg）和富混凝土（水泥用量不小于 230 kg）等。

二、性能

混凝土的性能主要有以下几项。

（一）和易性

和易性是混凝土拌和物最重要的性能，主要包括流动性、黏聚性和保水性三个方面。它综合表示拌和物的稠度、流动性、可塑性、抗分层离析泌水的性能及易抹面性等。测定和表示拌和物和易性的方法与指标很多，我国主要采用截锥坍落筒测定的坍落度及用维勃仪测定的维勃时间，作为稠度的主要指标。

（二）强度

强度是混凝土硬化后的最重要的力学性能，是指混凝土抵抗压、拉、弯、剪等应力的能力。水灰比、水泥品种和用量、骨料的品种和用量以及搅拌、成型、养护，都直接影响混凝土的强度。混凝土按标准抗压强度（以边长为 150 mm 的立方体为标准试件，在标准养护条件下养护 28 d，按照标准试验方法测得的具有 95% 保证率的立方体抗压强度）划分的强度等级，分为 C10、C15、C20、C25、C30、C35、C40、C45、C50、C55、C60、C65、C70、C75、C80、C85、C90、C95、C100 共 19 个等级。混凝土的抗拉强度仅为其抗压强度的 1/10～1/20。提高混凝土抗拉强度、抗压强度的比值是混凝土改性的重要个方面。

（三）变形

混凝土在荷载或温湿度作用下会产生变形，主要包括弹性变形、塑性变形、收缩和温度变形等。混凝土在短期荷载作用下的弹性变形主要用弹性模量表示。在长期荷载作用下，应力不变，应变持续增加的现象为徐变；应变不变，应力持续减少的现象为松弛。由于水泥水化、水泥石的碳化和失水等原因产生的体积变形，称为收缩。

硬化混凝土的变形来自两个方面：环境因素（温度、湿度变化）和外加荷载因素，因此有：(1) 荷载作用下的变形包括弹性变形和非弹性变形；(2) 非荷载作用下的变形包括收缩变形（干缩、自收缩）和膨胀变形（湿胀）；(3) 复合作用下的变形包括徐变。

（四）耐久性

混凝土在使用过程中抵抗各种破坏因素作用的能力称为耐久性。混凝土耐久性的好坏，决定混凝土工程的寿命。它是混凝土的一个重要性能，因此长期以来受到人们的高度重视。

在一般情况下,混凝土具有良好的耐久性。但在寒冷地区,特别是在水位变化的工程部位以及在饱水状态下受到频繁的冻融交替作用时,混凝土易于损坏。为此,对混凝土要有一定的抗冻性要求。用于不透水的工程时,要求混凝土具有良好的抗渗性和耐蚀性。

混凝土耐久性包括抗渗性、抗冻性、抗侵蚀性。

影响混凝土耐久性的破坏作用主要有6种。

1. 冰冻—融解循环作用

冰冻是最常见的破坏作用,以致有时人们用抗冻性来代表混凝土的耐久性。冻—融循环在混凝土中产生内应力,促使裂缝发展、结构疏松,直至表层剥落或整体崩溃。

2. 环境水的作用

包括淡水的浸溶作用、含盐水和酸性水的侵蚀作用等。其中硫酸盐、氯盐、镁盐和酸类溶液在一定条件下可产生剧烈的腐蚀作用,导致混凝土迅速破坏。环境水作用的破坏过程可概括为两种变化:一是减少组分,即混凝土中的某些组分直接溶解或经过分解后溶解;二是增加组分,即溶液中的某些物质进入混凝土中产生化学、物理或物理化学变化,生成新的产物。上述组分的增减导致混凝土体积不稳定。

3. 风化作用

包括干湿、冷热的循环作用。在温度、湿度变幅大、变化快的地区以及兼有其他破坏因素(例如,盐、碱、海水、冻融等)作用时,常能加速混凝土的崩溃。

4. 中性化作用

在空气中的某些酸性气体,如H_2S和CO_2在适当温度、湿度条件下使混凝土中液相的碱度降低,引起某些组分分解,并使体积发生变化。

5. 钢筋锈蚀作用

在钢筋混凝土中,钢筋因电化学作用生锈,体积增加,胀坏混凝土保护层,结果又加速了钢筋的锈蚀,这种恶性循环使钢筋与混凝土同时受到严重的破坏,成为毁坏钢筋混凝土结构的一个最主要原因。

6. 碱—骨料反应

最常见的是水泥或水中的碱分(Na_2O、K_2O)和某些活性骨料(如蛋白石、燧石、安山岩、方石英)中的SiO_2起反应,在界面区生成碱的硅酸盐凝胶,使体积膨胀,最后会使整个混凝土建筑物崩解。这种反应又称为碱—硅酸反应。此外,还有碱—硅酸盐反应与碱—碳酸盐反应。

此外,有人将抵抗磨损、气蚀、冲击以至高温等作用的能力也纳入耐久性的范围。

上述各种破坏作用还常因为其具有循环交替和共存叠加而加剧。前者导致混凝土材料的疲劳；后者则会使破坏过程加剧并复杂化而难以防治。

要提高混凝土的耐久性，必须从抵抗力和作用力两个方面入手。增加抵抗力就能抑制或延缓作用力的破坏。因此，提高混凝土的强度和密实性有利于耐久性的改善，其中密实性尤为重要，因为孔、缝是破坏因素进入混凝土内部的途径，所以混凝土的抗渗性与抗冻性密切相关。另外，通过改善环境以削弱作用力，也能够提高混凝土的耐久性。此外，还可采用外加剂（例如，引气剂之对抗冻性等）、谨慎选择水泥和集料、掺加聚合物、使用涂层材料等，来有效地改善混凝土的耐久性，延长混凝土工程的安全使用期。

耐久性是一项长期性能，而破坏过程又十分复杂。因此，要较准确地进行测试及评价，还存在不少困难。只是采用快速模拟试验，对在一个或少数几个破坏因素作用下的一种或几种性能变化，进行对比并加以测试的方法还不够理想，评价标准也不统一，对破坏机制及相似规律更是缺少深入的研究，因此到目前为止，混凝土的耐久性还难以预测。除了实验室快速试验以外，进行长期暴露试验和工程实物的观测，从而积累长期数据，将有助于耐久性的正确评定。

第二节 混凝土的组成材料

普通混凝土是由水泥、粗骨料（碎石或卵石）、细骨料（砂）、外加剂和水拌和，经硬化而成的一种人造石材。砂、石在混凝土中起骨架作用，并抑制水泥的收缩；水泥和水形成水泥浆，包裹在粗、细骨料表面并填充骨料间的空隙。水泥浆体在硬化前起润滑作用，使混凝土拌和物具有良好的工作性能，硬化后将骨料胶结在一起，形成坚固的整体。

一、水泥的分类及命名

（一）按用途及性能分

水泥按用途及性能分为以下几种。

1. 通用水泥

一般土木建筑工程通常采用的水泥。通用水泥主要是指六大类水泥，即硅酸盐水泥、普通硅酸盐水泥、矿渣硅酸盐水泥、火山灰质硅酸盐水泥、粉煤灰硅酸盐水泥和复合硅酸盐水泥。

2. 专用水泥

专门用途的水泥。如 G 级油井水泥、道路硅酸盐水泥。

3. 特性水泥

某种性能比较突出的水泥。如快硬硅酸盐水泥、低热矿渣硅酸盐水泥、膨胀硫铝酸盐水泥、磷铝酸盐水泥和磷酸盐水泥。

（二）按其主要水硬性物质名称分类

水泥按其主要水硬性物质名称分为：（1）硅酸盐水泥（国外通称为波特兰水泥）；（2）铝酸盐水泥；（3）硫铝酸盐水泥；（4）铁铝酸盐水泥；（5）氟铝酸盐水泥；（6）磷酸盐水泥；（7）以火山灰或潜在水硬性材料及其他活性材料为主要组分的水泥。

（三）按主要技术特性分类

按主要技术特性水泥分为以下几种。

1. 快硬性（水硬性）水泥

分为快硬和特快硬两类。

2. 水化热

分为中热水泥和低热水泥两类。

3. 抗硫酸盐水泥

分中抗硫酸盐腐蚀和高抗硫酸盐腐蚀两类。

4. 膨胀水泥

分为膨胀和自应力两类。

5. 耐高温水泥

铝酸盐水泥的耐高温性以水泥中氧化铝含量分级。

（四）水泥命名的原则

水泥的命名按不同类别分别以水泥的主要水硬性矿物、混合材料、用途和主要特性进行，并力求简明准确。名称过长时，允许有简称。

通用水泥是以水泥的主要水硬性矿物名称冠以混合材料名称或其他适当名称命名的。专用水泥以其专门用途命名，并可冠以不同型号。

特种水泥是以水泥的主要水硬性矿物名称冠以水泥的主要特性而命名，并可冠以不同型号或混合材料名称。

以火山灰性或潜在水硬性材料以及其他活性材料为主要组分的水泥是以主要组成成分

的名称冠以活性材料的名称进行命名,也可再冠以特性名称,如石膏矿渣水泥、石灰火山灰水泥等。

(五)水泥类型的定义

1. 水泥

加水拌和成塑性浆体,能胶结砂、石等材料,既能在空气中硬化,又能在水中硬化的粉末状水硬性胶凝材料。

2. 硅酸盐水泥

由硅酸盐水泥熟料、0～5%石灰石或粒化高炉矿渣、适量石膏磨细制成的水硬性胶凝材料,分P·Ⅰ和P·Ⅱ。

3. 普通硅酸盐水泥

由硅酸盐水泥熟料、6%～20%混合材料,适量石膏磨细制成的水硬性胶凝材料,简称普通水泥,代号为P-0。

4. 矿渣硅酸盐水泥

由硅酸盐水泥熟料,20%～70%粒化高炉矿渣和适量石膏磨细制成的水硬性胶凝材料,代号为P-S。

5. 火山灰质硅酸盐水泥

由硅酸盐水泥熟料、20%～40%火山灰质混合材料和适量石膏磨细制成的水硬性胶凝材料,代号为P-P。

6. 粉煤灰硅酸盐水泥

由硅酸盐水泥熟料、20%～40%粉煤灰和适量石膏磨细制成的水硬性胶凝材料,代号为P-F。

7. 复合硅酸盐水泥

由硅酸盐水泥熟料、20%～50%两种或两种以上规定的混合材料和适量石膏磨细制成的水硬性胶凝材料,简称复合水泥,代号为P-C。

8. 中热硅酸盐水泥

以适当成分的硅酸盐水泥熟料,加入适量石膏磨细制成的具有中等水化热的水硬性胶凝材料。

9. 低热矿渣硅酸盐水泥

以适当成分的硅酸盐水泥熟料、加入适量石膏磨细制成的具有低水化热的水硬性胶凝材料。

10. 快硬硅酸盐水泥

由硅酸盐水泥熟料加入适量石膏，磨细制成早强度高的以 3 d 抗压强度表示强度等级的水泥。

11. 抗硫酸盐硅酸盐水泥

由硅酸盐水泥熟料，加入适量石膏磨细制成的抗硫酸盐腐蚀性能良好的水泥。

12. 白色硅酸盐水泥

由氧化铁含量少的硅酸盐水泥熟料加入适量石膏，磨细制成的白色水泥。

13. 道路硅酸盐水泥

由道路硅酸盐水泥熟料，0～10%活性混合材料和适量石膏磨细制成的水硬性胶凝材料，简称道路水泥。

14. 砌筑水泥

由活性混合材料，加入适量硅酸盐水泥熟料和石膏，磨细制成的主要用于砌筑砂浆的低强度等级水泥。

15. 油井水泥

由适当矿物组成的硅酸盐水泥熟料、适量石膏和混合材料等磨细制成的适用于一定井温条件下油、气井固井工程用的水泥。

16. 石膏矿渣水泥

以粒化高炉矿渣为主要组分材料，加入适量石膏、硅酸盐水泥熟料或石灰磨细制成的水泥。

（六）生产工艺

硅酸盐类水泥的生产工艺在水泥生产中具有代表性，是以石灰石和黏土为主要原料，经破碎、配料、磨细制成生料，然后喂入水泥窑中燃烧成熟料，再将熟料加入适量石膏（有时还掺加混合材料或外加剂）磨细而成。

水泥生产随生料制备方法不同，可分为干法（包括半干法）和湿法（包括半湿法）两种。

1. 干法生产

将原料同时烘干并粉磨，或先烘干经粉磨成生料粉后喂入干法窑内煅烧成熟料的方法。但也有直接将生料粉加入适量水制成生料球，送入立波尔窑内煅烧成熟料的方法，称为半干法，仍属干法生产的一种。

新型干法水泥生产线指采用窑外分解新工艺生产的水泥。其生产以悬浮预热器和窑外分解技术为核心，采用新型原料、燃料均化和节能粉磨技术及装备，全线采用计算机集散控制，实现水泥生产过程自动化和高效、优质、低耗、环保。

2. 湿法生产

将原料加水粉磨成生料浆后，喂入湿法窑内煅烧成熟料的方法。也有将湿法制备的生料浆脱水后，制成生料块入窑煅烧成熟料的方法，称为半湿法，仍属湿法生产的一种。

干法生产的主要优点是热耗低（如带有预热器的干法窑熟料热耗为 3 140～3 768 J/kg），缺点是生料成分不易均匀、车间扬尘大、电耗较高。湿法生产具有操作简单、生料成分容易控制、产品质量好、料浆输送方便、车间扬尘少等优点，缺点是热耗高（熟料热耗通常为 5 234～6 490 J/kg）。

水泥的生产，一般可分生料制备、熟料煅烧和水泥制成三个工序，整个生产过程可概括为"两磨一烧"。

（1）生料粉磨。

生料粉磨分干法和湿法两种。干法一般采用闭路操作系统，即原料经磨机磨细后，进入选粉机分选，粗粉回流入磨再行粉磨的操作，并且多数采用物料在磨机内同时烘干并粉磨的工艺，所用设备有管磨、中卸磨及辊式磨等。湿法通常采用管磨、棒球磨等一次通过磨机不再回流的开路系统，但也有采用带分级机或弧形筛的闭路系统的。

（2）熟料燃烧。

燃烧熟料的设备主要有立窑和回转窑两类，立窑适用于生产规模较小的工厂，大中型厂宜采用回转窑。

① 立窑。

窑筒体立置不转动的称为立窑。分普通立窑和机械化立窑。普通立窑是人工加料和人工卸料或机械加料，人工卸料；机械化立窑是机械加料和机械卸料。机械化立窑是连续操作的，它的产量、质量及生产率都比普通立窑高。国外大多数立窑已被回转窑所取代，但在当前中国水泥工业中，立窑仍占据着重要地位。根据建材技术政策要求，小型水泥厂应用机械化立窑逐步取代普通立窑。

② 回转窑。

窑筒体卧置（略带斜度，约为3%），并能做回转运动的称为回转窑。分燃烧生料粉的干法窑和燃烧料浆（含水率通常为35%左右）的湿法窑。

a. 干法窑。

干法窑又可分为中空式窑、余热锅炉窑、悬浮预热器窑和悬浮分解炉窑。20世纪70

年代前后,出现了一种可大幅度提高回转窑产量的燃烧工艺——窑外分解技术。其特点是采用了预分解窑,它以悬浮预热器窑为基础,在预热器与窑之间增设了分解炉。在分解炉中加入占总燃料用量50%～60%的燃料,使燃料燃烧过程与生料的预热和碳酸盐分解过程结合,从窑内传热效率较低的地带转移到分解炉中进行,生料在悬浮状态或沸腾状态下与热气流进行热交换,从而提高传热效率,使生料在入窑前的碳酸钙分解率达到80%以上,达到减轻窑的热负荷,延长窑衬使用寿命和窑的运转周期,在保持窑的发热能力的情况下,达到大幅度提高产量的目的。

b. 湿法窑。

用于湿法生产中的水泥窑称湿法窑,湿法生产是将生料制成含水率为32%～40%的料浆。由于制备成具有流动性的泥浆,所以各原料之间混合好,生料成分均匀,煅烧成的熟料质量高,这是湿法生产的主要优点。

湿法窑可分为湿法长窑和带料浆蒸发机的湿法短窑,长窑使用广泛,短窑已很少采用。为了降低湿法长窑热耗,窑内装设有各种形式的热交换器,如链条、料浆过滤预热器、金属或陶瓷热交换器。

(3) 水泥粉末。

水泥熟料的细磨通常采用圈流粉磨工艺(闭路操作系统)。为了防止生产中的粉尘飞扬,水泥厂均装有收尘设备。电收尘器、袋式收尘器和旋风收尘器等是水泥厂常用的收尘设备。由于在原料预均化、生料粉的均化输送和收尘等个方面采用了新技术和新设备,尤其是窑外分解技术的出现,一种干法生产新工艺随之产生。采用这种新工艺使干法生产的熟料质量不亚于湿法生产,电耗也有所降低,已成为各国水泥工业发展的趋势。

以下以立窑为例来说明水泥的生产过程。

原料和燃料进厂后,由化验室采样分析检验,同时按质量进行搭配均化,存放于原料堆棚内。黏土、煤、硫铁矿粉由烘干机烘干水分至工艺指标值,通过提升机提升到相应原料贮库中。石灰石、萤石、石膏经过两级破碎后,由提升机送入各自贮库。

化验室根据石灰石、黏土、无烟煤、萤石、硫铁矿粉的质量情况,计算工艺配方,通过生料微机配料系统进行全黑生料的配料,由生料磨机进行粉磨,每小时采样化验一次生料的氧化钙、三氧化二铁的百分含量,及时进行调整,使各项数据符合工艺配方要求。磨出的黑生料经过斗式提升机提入生料库,化验室依据出磨生料质量情况,通过多库搭配和机械倒库方法进行生料的均化,经提升机提入两个生料均化库,生料经两个均化库进行搭配,将生料提至成球盘料仓,由设在立窑面上的预加水成球控制装置进行料、水的配比,通过成球盘进行生料的成球。所成之球由立窑布料器将生料球布于窑内不同位置进行燃烧,烧出的熟料经卸料管、鳞板机送至熟料破碎机进行破碎,由化验室每1小时采样一次进行熟料的化学、物理分析。

根据熟料质量情况由提升机放入相应的熟料库,同时根据生产经营要求及建材市场情况,化验室将熟料、石膏、矿渣通过熟料微机配料系统进行水泥配比,由水泥磨机进行普通硅酸盐水泥的粉磨,每1小时采样一次进行分析检验。磨出的水泥经斗式提升机提入3个水泥库,化验室依据出磨水泥质量情况,通过多库搭配和机械倒库方法进行水泥的均化。经提升机送入两个水泥均化库,再经两个水泥均化库搭配,由微机控制包装机进行水泥的包装,包装出来的袋装水泥存放于成品仓库,再经化验采样检验合格后签发水泥出厂通知单。

二、粗骨料

在混凝土中,砂、石起骨架作用,称为骨料或集料,其中粒径大于 5 mm 的骨料称为粗骨料。普通混凝土常用的粗骨料有碎石及卵石两种。碎石是天然岩石、卵石或矿山废石经机械破碎、筛分制成的、粒径大于 5 mm 的岩石颗粒。卵石是由自然风化、水流搬运和分选、堆积而成的、粒径大于 5 mm 的岩石颗粒。卵石和碎石颗粒的长度大于该颗粒所属相应粒级的平均粒径 2.4 倍者为针状颗粒,厚度小于平均粒径 0.4 倍者为片状颗粒(平均粒径是指该粒级上、下限粒径的平均值)。

混凝土用粗骨料的技术要求有以下几个方面。

(一)颗粒级配及最大粒径

粗骨料中公称粒级的上限称为最大粒径。当骨料粒径增大时,其比表面积减小,混凝土的水泥用量也减少,故在满足技术要求的前提下,粗骨料的最大粒径应尽量选大一些。在钢筋混凝土工程中,粗骨料的粒径不得大于混凝土结构截面最小尺寸的 1/4,且不得大于钢筋最小净距的 3/4。对混凝土实心板,其最大粒径不宜大于板厚的 1/3,且不得超过 40 mm。泵送混凝土用的碎石,不应大于输送管内径的 1/3,卵石不应大于输送管内径的 1/2.5。

(二)有害杂质

粗骨料中所含的泥块、淤泥、细屑、硫酸盐、硫化物和有机物都是有害杂质,其含量应符合国家标准《建筑用卵石、碎石》的规定。另外,粗骨料中严禁混入煅烧过的白云石或石灰石块。

(三)针、片状颗粒

粗骨料中针、片状颗粒过多,会使混凝土的和易性变差,强度降低,故粗骨料的针、片状颗粒含量应控制在一定范围内。

三、细骨料

细骨料是与粗骨料相对的建筑材料,混凝土中起骨架或填充作用的粒状松散材料,直径相对较小(粒径在 4.75 mm 以下)。

相关规范对细骨料(人工砂、天然砂)的品质要求:(1)细骨料应质地坚硬、清洁、级配良好。人工砂的细度模数宜为 2.4～2.8，天然砂的细度模数宜为 2.2～3.0。使用山砂、粗沙应采取相应的试验论证；（2）细骨料在开采过程中应定期或按一定开采的数量进行碱活性检验，有潜在危害时，应采取相应措施，并经专门试验论证；（3）细骨料的含水率应保持稳定，必要时应采取加速脱水措施。

（一）泥和泥块的含量

含泥量是指骨料中粒径小于 0.075 mm 的细尘屑、淤泥、黏土的含量。砂、石中的泥和泥块限制应符合《建筑用砂》的要求。

（二）有害杂质

《建筑用砂》和《建筑用卵石、碎石》中强调不应有草根、树叶、树枝、煤块和矿渣等杂物。

细骨料的颗粒形状和表面特征会影响其与水泥的黏结以及混凝土拌和物的流动性。山砂的颗粒具有棱角，表面粗糙但含泥量和有机物杂质较多，与水泥的结合性差。河砂、湖砂因长期受到水流作用，颗粒多呈现圆形，比较洁净且使用广泛，一般工程都采用这种砂。

四、外加剂

混凝土外加剂是在搅拌混凝土过程中掺入，占水泥质量 5% 以下的，能显著改善混凝土性能的化学物质。在混凝土中掺入外加剂，具有投资少、见效快、技术经济效益显著的特点。

随着科学技术的不断进步，外加剂已越来越多地得到应用，外加剂已成为混凝土除四种基本组分以外的第五种重要组分。

混凝土外加剂常用的主要是萘系高效减水剂、聚羧酸高性能减水剂和脂肪族高效减水剂。

（一）萘系高效减水剂

萘系高效减水剂是经化工合成的非引气型高效减水剂。化学名称为萘磺酸盐甲醛缩合物，它对水泥粒子有着很强的分散作用。对配制大流态混凝土，有早强、高强要求的现浇混凝土和预制构件，有很好的使用效果，可以全面提高和改善混凝土的各种性能，广泛用于公路、桥梁、大坝、港口码头、隧道、电力、水利及民建工程、蒸养及自然养护预制构件等。

1. 技术指标

（1）外观：粉剂，棕黄色粉末，液体，棕褐色黏稠液；（2）固体含量：粉剂

≥94%，液体≥0%；（3）净浆流动度≥230 mm；（4）硫酸钠含量≤10%；（5）氯离子含量≤0.5%。

2. 性能特点

（1）在混凝土强度和坍落度基本相同时，可减少水泥用量10%～25%；（2）在水灰比不变时，使混凝土初始坍落度提高10 cm以上，减水率可达15%～25%；（3）对混凝土有显著的早强、增强效果，其强度提高幅度为20%～60%；（4）改善混凝土的和易性，全面提高混凝土的物理力学性能；（5）对各种水泥适应性好，与其他各类型的混凝土外加剂配伍良好；（6）特别适用于在以下混凝土工程中使用：流态混凝土、塑化混凝土、蒸养混凝土、抗渗混凝土、防水混凝土、自然养护预制构件混凝土、钢筋及预应力钢筋混凝土、高强度超高强度混凝土。

3. 掺量范围

粉剂的掺量范围为0.75%～1.5%，液体的掺量范围为1.5%～2.5%。

4. 注意事项

（1）采用多孔骨料时宜先加水搅拌，再加减水剂；（2）当坍落度较大时，应注意振捣时间不宜过长，以防止泌水和分层。

萘系高效减水剂根据其产品中Na_2SO_4含量的高低，可分为高浓型产品（Na_2SO_4含量＜3%）、中浓型产品（Na_2SO_4含量为3%～10%）和低浓型产品（Na_2SO_4含量＞10%）。大多数萘系高效减水剂合成厂都具备将Na_2SO_4含量控制在3%以下的能力，有些先进企业甚至可将其控制在0.4%以下。

萘系减水剂是我国目前生产量最大、使用最广的高效减水剂（占减水剂用量的70%以上），其特点是减水率较高（15%～25%），不引气，对凝结时间影响小，与水泥适应性相对较好，能与其他各种外加剂复合使用，价格也相对便宜。萘系减水剂常被用于配制大流动性、高强、高性能混凝土。单纯掺加萘系减水剂的混凝土坍落度损失较快。另外，萘系减水剂与某些水泥适应性还需改善。

（二）脂肪族高效减水剂

脂肪族高效减水剂是丙酮磺化合成的羰基焦醛。憎水基主链为脂肪族烃类，是一种绿色高效减水剂，不污染环境，不损害人体健康。对水泥适用性广，对混凝土增强效果明显，坍落度损失小，低温无硫酸钠结晶现象，广泛用于配制泵送剂、缓凝、早强、防冻、引气等各类个性化减水剂，也可以与萘系减水剂、氨基减水剂、聚羧酸减水剂复合使用。

1. 主要技术指标

（1）外观：棕红色的液体。

（2）固体含量＞35%。

（3）比重为 1.15～1.2。

2. 性能特点

（1）减水率高。在掺量 1%～2% 的情况下，减水率可达 15%～25%。在同等强度坍落度条件下，掺脂肪族高效减水剂可节约 25%～30% 的水泥用量。

（2）早强、增强效果明显。混凝土掺入脂肪族高效减水剂，3 d 可达到设计强度的 60%～70%，7 d 可达到 100%，28 d 比空白混凝土强度提高 30%～40%。

（3）高保塑。混凝土坍落度经时损失小，60 min 基本不损失，90 min 损失 10%～20%。

（4）对水泥适用性广泛，和易性、黏聚性好。与其他各类外加剂配伍良好。

（5）能显著提高混凝土的抗冻融、抗渗、抗硫酸盐侵蚀性能，并全面提高混凝土的其他物理性能。

（6）特别适用于以下混凝土：流态塑化混凝土，自然养护、蒸养混凝土，抗渗防水混凝土，抗冻融混凝土，抗硫酸盐侵蚀海工混凝土，以及钢筋、预应力混凝土。

（7）脂肪族高效减水剂无毒，不燃，不腐蚀钢筋，冬季无硫酸钠结晶。

3. 使用方法

（1）通过试验找出最佳掺量，推荐掺量为 1.5%～2%。

（2）脂肪族高效减水剂与拌和水一并加入混凝土中，也可以采取后加法，加入脂肪族高效减水剂混凝土要延长搅拌 30 s。

（3）由于脂肪族高效减水剂的减水率较大，混凝土初凝以前，表面会泌出一层黄浆，属于正常现象。打完混凝土收浆抹光，颜色则会消除，或在混凝土上强度以后，颜色会自然消除，浇水养护颜色会消除得快一些，不影响混凝土的内在和表面性能。

第三节　钢筋工程

钢筋混凝土施工是水利工程施工中的重要组成部分，它在水利工程中的施工主要分为骨料及钢筋的材料加工、混凝土拌制、运输、浇筑、养护等几个重要个方面。

一、钢筋的检验与储存技术要点

在水利工程施工过程中，如果发现施工材料的手续与水利工程施工要求不符，或者是没有出厂合格证，这批货量不清楚，也没有验收检测报告等，一定要严禁使用这样的施工材料。在水利工程钢筋施工中必须做好钢筋的检验与存储工作，同时要经过试验、检查，如果都没有问题，说明是合格的钢筋，才可以用。与此同时，还要把与钢筋相关的施工材料合理有序地放在材料仓库中。如果没有存储施工材料的仓库，要把钢筋施工材料堆放在比较开阔、平坦的露天场地，最好是一目了然的地方。另外，在堆放钢筋材料的地方以及周围，要有适当地排水坡。如果没有排水坡，要挖掘出适当的排水沟，以便于排水。在钢筋垛的下面，还要适当铺一些木头，钢筋和地面之间的距离要超过20 cm。除此之外，还要建立一个钢筋堆放架，它们之间要有3 m左右的间隔距离，钢筋堆放架可以用来堆放钢筋施工材料。

二、钢筋的连接技术要点

（1）钢筋的连接方式主要有绑扎搭接、机械连接以及焊接等。一定要把钢筋的接头合理地接在受力最小的地方，而且，在同一根钢筋上还要尽量减少接头。同时，要按照我国当前的相关规范的规定，确保机械焊接接头和连接接头的类型和质量；（2）在轴心受拉的情况下，钢筋不能采用绑扎搭接接头；（3）同一构件中，相邻纵向受力钢筋的绑扎搭接接头，应该相互错开。

第四节　模板工程

模板安装与拆卸是模板施工工程的重要环节，在进行模板工程施工的时候应该重点对其进行控制。另外，还应当对施工原料的性能、品质进行全面的掌握，明确模板施工的要求。

一、概述

模板工程是水利水电工程施工中的基础性工程，与水利水电工程建设质量直接挂钩，因此，在施工时必须对模板工程施工加以重视，并进行全面的控制。模板工程中最重要，也是最关键的部分是它在混凝土施工工程中的运用。模板的选择、安装以及拆卸是模板工程施工中最主要的三个环节，对混凝土施工质量的影响也最为深刻。曾有调查显示，模板工程施工费用在整个混凝土工程施工费用中所占比例为30%左右。模板工程施工要求技术工人能够熟练掌握板材结构和特性，了解各类板材的施工优势，严格并科学地控制拆模时间。材料用量、工期的掌握、质量的控制都是模板工程施工中必须引起重视的施工要求。

模板系统一般由模板以及模板支撑系统这两部分组成：模板是混凝土的容器，控制混凝土浇筑与成型；模板支撑系统则起到稳定模板的作用，避免模板变形影响混凝土质量，并将模板中的混凝土固定在需要的位置上。在实际施工过程中，模板选择、安装与拆卸是施工中难度较高的控制部分。

二、模板工程施工中的常见问题

模板工程施工中常见的问题主要有以下几类：板材选择不符合标准，板材质量不合格，影响了混凝土的凝结和成型；模板安装没有按照相关的图纸标准进行，结构安装有问题，位置安装不到位以及模板稳定性弱；模板拆卸时间选择不恰当，拆卸过程中影响到了混凝土的质量，模板拆卸之前准备与检查工作不全面。模板工程施工出现的上述问题一直困扰和影响着模板工程施工质量控制与工期管理，并给后期水利工程的使用和维护保养留下了隐患，影响了水利工程的使用。

三、模板工程施工工艺技术

模板工程的施工工艺技术分类可从板材、安装、拆卸等几个方面来进行说明。在实际施工过程中，只要能够对主要的几个工艺技术进行掌握和控制，就能够以较高的品质完成模板工程施工。

（一）模板要求与设计

模板工程施工对模板特性有着较高的要求，首先应当保障模板具有较强的耐久性和稳定性，能够应对复杂的施工环境，不会被气象条件以及施工中的磕碰所影响。最重要的是，模板必须保证在混凝土浇筑完成之后，自身的尺寸不会发生较大的变形，以免影响混凝土浇筑质量和成型。在混凝土施工过程中，恶劣的天气、多变的空气条件以及混凝土本身的变化都会对模板有影响，因此要求模板板材必须是低活性的，不会与空气、水、混凝土材料发生锈蚀、腐蚀等反应。由于模板是重复使用的，所以还要求模板具有较强的适应性，能够应用于各类混凝土施工。模板板材的形状特点、外观尺寸对混凝土浇筑有着较大的影响，所以模板的选择是模板工程施工的第一要素。模板的设计则按照施工要求和混凝土浇筑状况进行，模板设计与现场地形勘察是分不开的，模板设置要求符合地形勘测，模板结构稳定，便于模板安装与拆除、混凝土浇筑工作的开展。

（二）板材分类

模板按照外观形状和板材材料、使用原理可以分为不同的种类。一般按照板材外观形状分类，模板可以分为曲面模板和平面模板两种类型，不同类型的模板用于不同类型的混凝土施工。例如，曲面模板，一般用于隧道、廊道等曲面混凝土浇筑的施工当中。而按照板材材料来进行分类，模板则可以被分为很多种类型，例如，由木料制成则称为木模板，由钢材制成则称为钢模板。

按照使用原理进行分类，模板则可分为承重模板和侧面模板两种类型。侧面模板按照支撑方式和使用特点可以被划分为更多类型的模板，不同的模板使用原理和使用对象也各有差异。一般来讲，模板都是能够重复使用的，但是某些用于特殊部位的模板却是一次性使用，例如，用于特殊施工部位的固定式侧面模板。拆移式、滑动式和移动式侧面模板一般都是可以重复利用的。滑动式侧面模板可以进行整体移动，能够用于连续性和大跨度的混凝土浇筑，而拆移式侧面模板则不能够进行整体移动。

（三）模板安装

模板安装的关键在于技术工人对模板设计图纸的掌握以及技艺的熟练程度。模板安装必须保障钢筋绑扎和混凝土浇筑工作的协调性和配合性，避免各类施工发生矛盾和冲突。在模板安装中应当注意以下几点：（1）模板投入使用后必须对其进行校正，校正次数在两次及以上，多次校正能够保障模板的方位以及大小的准确度，保障后续施工能够顺利进行。（2）保障模板接洽点之间的稳固性，避免出现较为明显的接洽点缺陷。尤其要重视混凝土振捣位置的稳定性和可靠性，充分保障混凝土振捣的准确性和振捣顺利进行，有效避免振捣不善引起的混凝土裂缝问题。（3）严格控制模板支撑结构的安装，保障其具备强大的抗冲击能力。在施工过程中，工序复杂、施工类目繁多，不可避免地给模板造成了冲击力，因此模板需要具备较强的抗冲击力。可以在模板支撑柱下方设置垫板以增加受力面积，减少支撑柱摇晃。

（四）模板拆卸

1. 模板的拆卸必须严格按照施工设计进行

拆卸模板前需要做好充足的准备工作。首先对混凝土的成型进行严格的检查，查看其凝固程度是否符合拆卸要求，对模板结构进行全方位的检查，确定使用何种拆卸方式。一般来讲，模板的拆卸都会使用块状拆卸法进行。块状拆卸法的优势在于：它符合混凝土成型的特点，不容易对混凝土表面和结构造成损害，块状拆卸的难度比较低，拆卸速度也更快。拆卸前必须准备好拆卸时所使用的工具和机械，保障拆卸器具所有功能能够正常使用。拆卸中，首先对螺栓等连接件进行拆卸，然后对模板进行松弛处理，方便整体拆卸工作的进行。

2. 拱形模板

对拱形模板，应当先拆除支撑柱下方位置的木楔，这样可以有效地防止拱架快速下滑造成施工事故。

对模板工程施工来说，考验的就是管理人员的胆大心细。在施工过程中需要管理人员细心面对施工中的细节管理，大胆开拓和创新管理模式及施工技艺，对模板工程进行深度解读，严格、科学地控制工艺使用。

第五节　混凝土养护

混凝土养护是实现混凝土设计性能的重要基础，为确保这一目标的实现混凝土养护宜根据现场条件、环境的温度与湿度、结构部位、构件或制品情况、原材料情况以及对混凝土性能的要求等因素，结合热工计算的结果，选择一种或多种合理的养护方法，满足混凝土的温控与湿控要求。

混凝土是土木工程中常用的建筑材料，混凝土养护则是混凝土设计性能实现的重要基础，也是影响工程质量与结构安全的关键因素之一，但水工混凝土经常或周期性受环境水作用，除具有体积大、强度高等特点外，设计与施工中，还要根据工程部位、技术要求和环境条件，优先选用中热硅酸盐水泥，在满足水工建筑物的稳定、承压、耐磨、抗渗、抗冲、抗冻、抗裂、抗侵蚀等特殊要求的同时，降低混凝土发热量，减少温度裂缝。鉴于水利水电工程施工及水工建筑物的这些特点，需根据水利工程的技术规范，采取专门的施工方法和措施，确保工程质量。混凝土浇筑成型后的养护对保证混凝土性能的实现有着特别重要的意义。

一、自然养护

自然养护即传统的洒水养护，主要有喷雾养护和表面流水养护两种方法。二滩工程经验证明，混凝土流水养护，不但能降低混凝土表面温度，还能防止混凝土干裂。水利水电工程通常地处偏僻，供水、取水不便，成本也较高，水工建筑物一般具有或壁薄、或大体积、或外形坡面与直立面多、表面积大、水分极易蒸发等特点，喷雾养护和表面流水养护在实际的应用中，很难保证养护期内始终使混凝土表面保持湿润状态，难以达到养护要求。喷雾养护一般适用于用水方便的地区及便于洒水养护的部位，如闸室底板等。喷雾养护时，应使水呈雾状，不可形成水流，亦不得直接以水雾加压于混凝土表面。流水养护时要注意水的流速不可过大，混凝土表面不得形成水流或冲刷现象，以免造成剥损。

水工混凝土主要采用塑性混凝土和低塑性施工，塑性混凝土水泥用量较少，并掺加较多的膨润土、黏土等材料，坍落度为 5～9 cm，施工中一般是在塑性混凝土浇筑完毕 6～18 h 内即开始洒水养护；但低塑性混凝土坍落度为 1～4 cm，较塑性混凝土的养护有一定的区别，为防止干缩裂缝的产生，其养护是混凝土浇筑的紧后工作，即在浇筑完毕后立即喷雾养护，并及早开始洒水养护。

对大体积混凝土而言，要控制混凝土内部和表面及表面与外界温差即保持混凝土内外合适的温度梯度，不间断的 24 h 养护至关重要，实际施工中很难满足洒水养护的次数，易造成夜间养护中断。根据以往的施工经验，在大体积混凝土养护过程中采用强制或不均匀的冷却降温措施不仅成本相对较高，管理不善还易使大体积混凝土产生贯穿性裂缝。当施工条件适宜时，对如底板类的大体积混凝土也可选择蓄水养护。

二、覆盖养护

覆盖养护是混凝土最常用的保湿、保温养护方法，一般用塑料薄膜、麻袋、草袋等材料覆盖混凝土表面养护。但在风较大时覆盖材料不易被固定，覆盖过程中也存在易破损和接缝不严密等问题，不适用于外形坡面、直立面、弧形结构。

覆盖养护有时需要和其他养护方法结合使用，如对风沙大、不宜搭设暖棚的仓面，可采用覆盖保温被下面布设暖气排管的办法。覆盖养护时，混凝土敞露的表面应以完好无破损的覆盖材料完全盖住混凝土表面，并予以固定妥当，保持覆盖材料如塑料薄膜内有凝结水。

在保温个方面，覆盖养护的效果也较为明显，当气温骤降时，未进行保温的表面最大降温量与气温骤降的幅度之比为88%，一层草袋保温后为60%，两层草袋保温后为45%，可见对结构进行适当的表面覆盖保温，减小混凝土与外界的热交换，对混凝土结构温控防裂是必要的。但对模板外和混凝土表面覆盖的保温层，不应采用潮湿状态的材料，也不应将保温材料直接铺盖在潮湿的混凝土表面，新浇混凝土表面应铺一层塑料薄膜，对混凝土结构的边及棱角部位的保温厚度应增大到面部位的2～3倍。

选择覆盖材料时，不可使用包装过糖、盐或肥料的麻布袋。对有可溶性物质的麻布袋，应彻底清洗干净后方可作为养护用覆盖材料。

三、蓄热法与综合蓄热法养护

蓄热法是一种当混凝土浇筑后，利用原材料加热及水泥水化热的热量，通过适当保温延缓混凝土冷却，使混凝土冷却到0℃以前达到预期要求强度的施工方法。当室外最低温度不低于-15℃时，地面以下的工程，或表面系数$M<5$的结构，应优先采用蓄热法养护。蓄热法养护具有方法简单、不需要混凝土加热设备、节省能源、混凝土耐久性较高、质量好、费用较低等优点，但强度增长较慢，施工要有一套严密的措施和制度。

当采用蓄热法不能满足要求时，应选用综合蓄热法养护。综合蓄热法是在蓄热法的基础上利用高效能的保温围护结构，使混凝土加热拌制所获得的初始热量缓慢散失，并充分利用水泥水化热和掺用相应的外加剂（或进行短时加热）等综合措施，使混凝土温度在降至冰点前达到允许受冻临界强度或者承受荷载所需的强度。综合蓄热法分高、低蓄热法两种养护方式，高蓄热养护过程，主要以短时加热为主，使混凝土在养护期间达到受荷强度；低蓄热养护过程则主要以使用早强水泥或掺用防冻外加剂等冷法为主，使混凝土在一定的负温条件下不致被冻坏，仍可继续硬化。水利水电工程多使用低蓄热养护方式。

与其他养护方法不同的是，蓄热法养护与混凝土的浇筑、振捣是同时进行的，即随浇筑、随捣固、随覆盖，防止表面水分蒸发，减少热量失散。采用蓄热法养护时，应用不易吸潮的保温材料紧密覆盖模板或混凝土表面，迎风面宜增设挡风保温设施，形成不透风的围护层，细薄结构的棱角部分，应加强保温，结构上的孔洞应暂时封堵。当蓄热法不能满足强度增长的要求时，可选用蒸气加热、电流加热或暖棚保温等方法。

四、搭棚养护

搭棚养护分为防风棚法养护和暖棚法养护。混凝土在终凝前或刚刚终凝时几乎没有强度或强度很小，如果受高温或较大风力的影响，混凝土表面失水过快，易造成毛细管中产生较大的负压而使混凝土体积急剧收缩，而此时混凝土的强度又无法抵抗其本身收缩，因此产生龟裂。风速对混凝土的水分蒸发有直接影响，不可忽视。在风沙较大的地区，当覆盖材料不易固定或不适合覆盖养护的部位，易搭防风棚进行养护；当阳光强烈、温度较高时，还需要有隔热遮阳的功能。

日平均气温 $-15 \sim -10$℃时，除了可采用综合蓄热法外，还可采用暖棚法。暖棚法养护是一种将被养护的混凝土构件或结构置于搭设的棚中，内部设置散热器、排管、电热器或火炉等加热棚内空气，使混凝土处于正温环境养护并保持混凝土表面湿润的方法。暖棚构造最内层为阻燃草帘，防止发生火灾，中间为篷布，最外层为彩条布，主要作用是防风、防雨，各层保温材料之间的连接采用 8# 铅丝绑扎。搭设前要了解历年气候条件，进行抗风荷载计算；搭设时应注意在混凝土结构物与暖棚之间留足够的空间，使暖硼内空气流通；为降低搭设成本和节能，应注意减少暖棚体积；同时应围护严密、稳定、不透风；采用火炉作热源时，要特别注意安全防火，应将烟或燃烧气体排至棚外，并应采取防止烟气中毒和防火措施。

暖棚法养护的基础是温度观测，对暖棚内的温度，已浇筑混凝土内部温度、外部温度，测温次数的频率，测温方法都有严格的规定。

暖棚内的测温频率为每 4 h 一次，测温时以距混凝土表面 50 cm 处的温度为准，取四边角和中心温度的平均数为暖棚内的气温值；已浇筑混凝土块体内部温度，用电阻式温度计等仪器观测或埋设孔深大于 15 cm，孔内灌满液体介质的测温孔，用温度传感器或玻璃温度计测量。大体积混凝土应在浇筑后 3 d 内加密观测温度变化，测温频率为内部混凝±8 h 观测 1 次，3 d 后宜 12 h 观测 1 次。外部混凝土每天应观测量高、最低温度，测温频率同内部混凝土；气温骤降和寒潮期间，应增加温度观测次数。

值得注意的是，混凝土的养护并不仅仅局限于混凝土成型后的养护。低温环境下，混凝土浇筑后最容易受冻的部位主要是浇筑块顶面、四周、棱角和新混凝土与基岩或旧混凝土的接合处，即使受冻后做正常养护，其抗压强度仍比未受冻的正常温度下养护 28～60 d 的混凝土强度低 45%～60%，抗剪强度即使是轻微受冻也会降低 40% 左右。因此，浇筑大面积混凝土时，在覆盖上层混凝土前就应对底层混凝土进行保温养护，保证底层混凝土的温度不低于 3℃。混凝土浇筑完毕后，外露表面应及时保温，尤其是新老混凝土接合处和边角处应做好保温处理，保温层厚度应是其他保温层厚度的 2 倍，保温层搭接长度不应小于 30 cm。

五、养护剂养护

养护剂养护就是将水泥混凝土养护剂喷洒或涂刷于混凝土表面，在混凝土表面形成一层连续的不透水的密闭养护薄膜的乳液或高分子溶液。当这种乳液或高分子溶液挥发时，迅速在混凝土体的表面结成一层不透水膜，将混凝土中大部分水化热及蒸发水积蓄下来进行自养。由于膜的有效期比较长，可使混凝土得到良好的养护。喷刷作业时，应注意在混凝土上无表面水，用手指轻擦过表面无水迹时方可喷刷养护剂。使用模板的部位在拆模后立即实施喷刷养护作业，喷刷过早会腐蚀混凝土表面，过迟则混凝土水分蒸发，影响养护效果。养护剂的选择、使用方法和涂刷时间应按产品说明并通过试验确定，混凝土表面不得使用有色养护剂。养护剂养护比较适用于难以用洒水养护及覆盖养护的部位，如高空建筑物、闸室顶部及干旱缺水地区的混凝土结构，但养护剂养护对施工的要求较高，应避免出现漏刷、漏喷及不均匀涂刷现象。

六、总结

（1）洒水养护适合混凝土的早期养护，为防止干缩裂缝的产生，低塑性混凝土养护是混凝土浇筑的紧后工作，即在浇筑完毕后立即喷雾养护。

（2）覆盖养护适合风沙大、不宜搭设暖棚的仓面，不适用于外形坡面、直立面、弧形结构。覆盖材料可视环境温度为单层或多层。

（3）蓄热养护适合室外最低温度不低于-15℃时，地面以下的工程，或表面系数$M < 5$的结构。蓄热养护与混凝土的浇筑、振捣应同时进行，以防止表面水分蒸发，减少热量失散。

（4）搭棚养护适合于有防风、隔热、遮阳需要的混凝土养护或低温环境下，日平均气温-15℃～-10℃时的混凝土养护；为避免混凝土受冻，浇筑大面积混凝土时，在覆盖上层混凝土以前就应对底层混凝土进行保温养护。

（5）养护剂养护适合难以洒水养护及难以覆盖养护的部位，如高空建筑物、闸室顶部及干旱缺水地区的混凝土结构，施工中要避免出现漏刷、漏喷及不均匀涂刷现象。

（6）水工混凝土的养护方法应根据现场条件、环境的温度与湿度、结构部位、构件或制品情况、原材料情况以及对混凝土性能的要求等因素，结合热工计算的结果来选择一种或多种合理的养护方法，以满足混凝土的温控与湿控要求。

第六节 大体积水工混凝土施工

一、大体积混凝土的定义

大体积混凝土指的是最小断面尺寸大于1 m的混凝土结构，其尺寸已经大到必须采用相应的技术措施妥善处理温度差值时，合理解决温度应力并控制裂缝开展的混凝土结构。

大体积混凝土的特点是：结构厚实，混凝土量大，工程条件复杂（一般都是地下现浇钢筋混凝土结构），施工技术要求高，水泥水化热较大（预计超过25℃），易使结构物产生温度变形。大体积混凝土除了对最小断面和内外温度有着一定的规定外，对平面尺寸也有一定限制。

二、具体的施工方式

（一）选择合适的混凝土配合比

某工程由于施工时间紧，材料消耗大，混凝土一次连续浇筑施工的工作量也比较大，所以选择以商品混凝土为主，其配合比以混凝土公司实验室经过试验后得到的数据为主。

混凝土坍落度为 130～150 mm，泵送混凝土水灰比须控制在 0.3～0.5，砂率最好控制在 5%～40%，最小水泥用量在 ≥ 300 kg/m 才能满足需要。水泥选择质量合格的矿渣硅酸盐水泥，需提前一周把水泥入库储存，为避免水泥出现受潮，需要采取相应的预防措施。采用碎卵石作为粗骨料，最大粒径为 24 mm，含泥量在 1% 以下，不存在泥团，密度大于 2.55 t/m³，超径低于 5%。选择河沙作为细骨料，通过 0.303 mm 筛孔的砂大于 15%，含泥量低于 3%，不存在泥团，密度大于 2.50 t/m³。膨胀剂（UEA）掺入量是水泥用量的 3.5%，从试验结果可得这种方式能够达到了理想的效果，能够降低混凝土的用水量、水灰比、使混凝土的使用性能大大提高。选择Ⅱ级粉煤灰作为混合料，细度为 7.7%～8.2%，烧失量为 4%～4.5%，SO_2 含量 ≤ 1.3%，由于矿渣水泥保水性差，因而粉煤灰取代水泥用量 15%。

（二）相关个方面的情况

（1）混凝土的运输与输送。检查搅拌站的情况，主要涉及每小时混凝土的输出量、汽车数量等能否满足施工需要，根据需要制定相关的供货合同。通过对 3 家混凝土搅拌情况进行对比研究，得出了混凝土能够满足底板混凝土的浇筑要求。以混凝土施工的工程量作为标准，此次使用了 5 台 HBT-80 混凝土泵实施混凝土浇筑。

（2）考虑到底板混凝土是抗渗混凝土，利用 UEA 膨胀剂作为外加剂。

（3）为满足外墙防水需要，外墙根据设计图设置水平施工缝。吊模部分在底板浇筑振捣密实后的一段时间内进行浇筑，以 φ16 钢筋实施振捣，使 300 mm 高吊模处的混凝土达到稳定状态为止，外墙垂直施工缝需要设置相应的止水钢板。每段混凝土的浇筑必须持续进行，并结合振捣棒的有效振动来制定具体的浇筑施工方式。

（4）浇筑底板上反梁及柱帽时选择吊模，完成底板浇筑后 2 h 进行浇筑，此标准范围内的混凝土采用 φ16 钢筋进行人工振捣。

（5）为防止浇筑时泵管出现较大的振动而扰动钢筋，应该把泵管设置于钢管搭设的架子上，架子支腿处满铺跳板。

（6）在施工前做好准备措施，主要包括设施准备、场地检查、检测工具等，并为夜间照明提供相关的准备。

三、控制浇筑工艺及质量的途径

（一）工艺流程

具体工艺流程主要包括前期施工准备、混凝土的运输、混凝土浇筑、混凝土振捣、找平、混凝土维护等。

（二）混凝土的浇筑

在浇筑底板混凝土时需要根据标准的浇筑顺序严格进行。施工缝的设置需要固定于浇带上，且保持外墙吊模部分比底板面高出 320 mm，在此处设置水平缝，底板梁吊模比底板面高出 400～700 mm，这一处需要在底板浇筑振捣密实后再完成浇筑。采用 $\phi 16$ 钢筋实施人工振捣，确保吊模处混凝土振捣密实。在浇筑过程中需要保持浇筑持续进行，结合振捣棒的实际振动长度分排完成浇筑工作，避免形成施工冷缝。

膨胀加强带的浇筑，根据标准顺序浇筑到膨胀带位置后需要运用 C35 内掺 27 kg/m³PNF 的膨胀混凝土实施浇筑。膨胀带主要以密目钢丝网隔离为主，钢丝网加固竖向选择 $\phi 20@600$，厚度大于 1000 mm，将一道 $\phi 22$ 腰筋增设于竖向筋中部。

（三）混凝土的振捣

施工过程中的振捣通过机械来完成，考虑到泵送混凝土有着坍落度大、流动性强等特点，因为使用斜面分两层布料施工法进行浇筑，振捣时必须保证混凝土表面形成浮浆，且无气泡或下沉才能停止。施工时要把握实际情况，禁止漏振、过振，摊灰与振捣需要从合适的位置进行，以避免钢筋及预埋件发生移动。由于基梁的交叉部位钢筋相对集中，振捣过程中要留心观察，在交叉部位面积小的地方从附近插振捣棒。对交叉部位面积大的地方，需要在钢筋绑扎过程中设置 520 mm 的间隔，且保留插棒孔。振捣时必须严格根据操作标准来执行，浇筑至上表面时根据标高线用木杠或木抹找平，以保证平整度达到标准再施工。

（四）底板后浇带

选择密目钢丝网隔开，钢丝网加固竖向以 $\phi 20@600$ mm 为主，底板厚度控制在 900 mm 以上，在竖向筋中部设置一道 $\phi 22$ 腰筋。施工结束后将其清扫干净，并做好维护工作。膨胀带两侧与内部浇筑需要同时进行，内外高差需低于 350 mm。

（五）混凝土的找平

底板混凝土找平时需要把表层浮浆汇集在一起，人工方式清除后实施首次找平，将平整度控制在标准范围内。混凝土初凝后终凝前实施第二次找平，主要是为了将混凝土表面微小的收缩缝除去。

（六）混凝土的养护

养护对大体积混凝土施工是极为重要的工作，养护的最终目的是保证合理的温度和湿度，这样才能使混凝土的内外温差得到控制，以保证混凝土的正常使用功能。在大面积的底板面中通常使用一层塑料薄膜后二层草包作保温保湿养护。养护过程随着混凝土内外温差、降温速率继续调整，以优化养护措施。结合工程实际后可适当增加维护时间，拆模后应迅速回土保护，并避免受到骤冷气候影响，以防出现中期裂缝。

（七）测温点的布置

承台混凝土浇筑量体积较大，其地下室混凝土浇筑时间多在冬季，需要采用电子测温仪根据施工要求对其测温。混凝土初凝后 3 d 持续每 2 h 测温 1 次，将具体的温度测量数据记录好，测温终止时间为混凝土与环境温度差在15℃内，对数据进行分析后再制定出相应的施工方案以实现温差的有效控制。

四、注意事项

（一）泌水处理

对大体积混凝土浇筑、振捣时经常发生泌水问题，当这种现象严重时，会对混凝土强度造成影响。这就需要制定有效的措施对泌水进行消除处理。通常情况下，上涌的泌水和浮浆会沿着混凝土浇筑坡面流进坑底。施工中按照施工流水情况，把多数泌水引入排水坑和集水井坑内，再用潜水泵抽排掉进行处理。

（二）表面防裂施工技术的重点

大体积泵送混凝土经振捣后经常会出现表面裂缝。在振捣最上一层混凝土过程中需要把握好振捣时间，以防止表面出现过厚的浮浆层。外界气温也会引起混凝土表面与内部形成温差，气温的变化使得温差大小难以控制。浇捣结束后用 2 m 长括尺清理剩下的浮浆层，再把混凝土表面拍平整。在混凝土收浆凝固阶段禁止人员在上面走动。

第四章　管道工程施工

第一节　水利工程常用管道

随着经济的快速发展，水利工程建设进入高速发展阶段，许多项目中管道工程占有很大的比例，因此合理地进行管道设计不但能够满足工程的实际需要，还能给工程带来有效的投资控制。目前管材的类型趋于多样化发展，主要有球墨铸铁管、钢管、玻璃钢管、塑料管（PVC-U管，PE管）以及钢筋混凝土管等。

一、铸铁管

铸铁管具有较高的机械强度及承压能力，有较强的耐腐蚀性，接口方便无识别结果。其缺点在于不能承受较大的动荷载及质脆。按制造材料分为普通灰口铸铁管和球墨铸铁管，较为常用的为球墨铸铁管。

球墨铸铁和普通铸铁里均含有石墨单体，即铸铁是铁和石墨的混合体。但普通铸铁中的石墨是呈片状存在的，石墨的强度很低，所以相当于铸铁中存在着许多片状的空隙，因此普通铸铁强度比较低，较脆。球墨铸铁中的石墨是呈球状的，相当于铸铁中存在许多球状的空隙。球状空隙对铸铁强度的影响远比片状空隙小，所以球墨铸铁强度比普通铸铁强度高许多，球墨铸铁的性能接近于中碳钢，但价格要比钢材便宜得多。

球墨铸铁管是在铸造铁水经添加球化剂后，经过离心机高速离心铸造成的低压力管材，一般应用管材直径可达3000mm。其机械性能得到了较好的改善，具有铁的本质、钢的性能。防腐性能优异、延展性能好，安装简易，主要用于输水、输气、输油等。

目前我国球墨铸铁管具备一定生产规模的厂家一般都是专业化生产线，产品数量及质量性能稳定，其刚度好，耐腐蚀性好，使用寿命长，承受压力较高。如果用T形橡胶接口，其柔性好，对地基适应性强，现场施工方便，施工条件要求不高，其缺点是价格较高。

（一）球墨铸铁管分类

按其铸造方法不同可分为：砂型离心承插直管、连续铸铁直管及砂型铁管。
按其所用的材质不同可分为：灰口铁管、球墨铸铁管及高硅铁管。铸铁管多用于给水、排水和煤气等管道工程。

1. 给水铸铁管

(1) 砂型离心铸铁直管。

砂型离心铸铁直管的材质为灰口铸铁，适用于水及煤气等压力流体的输送。

(2) 连续铸铁直管。

连续铸铁直管即连续铸造的灰口铸铁管，适用于水及煤气等压力流体的输送。

2. 排水铸铁管

普通排水铸铁承插管及管件。柔性抗震接口排水铸铁直管，此类铸铁管采用橡胶圈密封、螺栓紧固，在内水压下具有良好的挠曲性、伸缩性。能适应较大的轴向位移和横向曲挠变形，适用于高层建筑室内排水管，对地震区尤为合适。

（二）接口形式

承插式铸铁管刚性接口抗应变性能差，受外力作用时，无塔供水设备接口填料容易碎裂而渗水，尤其是在弱地基、沉降不均匀地区和地震区接口的破坏率较高。因此应尽量采取柔性接口。

目前采用的柔性接口形式有滑入式橡胶圈接口、R 形橡胶圈接口、柔性机械式接口 A 形及柔性机械式接口 K 形。

1. 滑入式橡胶圈接口

橡胶圈与管材由供应厂方配套供应。安装橡胶圈前应将承口内工作面与插口外工作面清扫干净后，将橡胶圈嵌入承口凹槽内，并在橡胶圈外露表面及插口工作面，涂以对橡胶圈质量无影响的滑润剂。待供水设备插口端部倒角与橡胶圈均匀接触后，再用专用工具将插口推入承口内，推入深度应到预先设定的标志，并复查已安好的前一节、前二节接口推入深度。

2. T 球墨铸铁管滑入式 T 形接口

我国生产的《离心铸造球墨铸铁管》（GB 13295—2008）、《球墨铸铁管件》（GB 13294—1991）规定了退火离心铸造、输水用球墨铸铁管直管、管件、胶圈的技术性能，其接口形式均采用滑入式 T 形接口。

3. 机械式（压兰式）球墨铸铁管接口

日本久保田球墨铸铁管机械式接口，近年来已被我国引进采用。球墨铸铁管机械接口形式分为 A 形和 K 形。其管材管件由球墨铸铁直管、压兰、螺栓及橡胶圈组成。

机械式接口密封性能良好，试验时内水压力达到 2MPa 时无渗漏现象，轴向位移及折角等指标均达到很高水平，但成本较高。

二、钢管

钢管是经常采用的管道。其优点是管径可随需要加工，承受压力高、耐振动、薄而轻及管节长而接口少，接口形式灵活，单位管长重量轻，渗漏小节省管件，适合较复杂的地形穿越，可现场焊接，运输方便等。钢管一般用于管径要求大、受水压力高管段，及穿越铁路、河谷和地震区等管段。缺点是易锈蚀影响使用寿命、价格较高，故须做严格防腐绝缘处理。

三、玻璃钢管

玻璃钢管也称玻璃纤维缠绕夹砂管（RPM 管）。主要以玻璃纤维及其制品为增强材料，以高分子成分的不饱和聚酯树脂、环氧树脂等为基本材料，以石英砂及碳酸钙等无机非金属颗粒材料为填料作为主要原料。管的标准有效长度为 6m 和 12m，其制作方法有定长缠绕工艺、离心浇铸工艺以及连续缠绕工艺三种。目前在水利工程中已被多个领域采用，如长距离输水、城市供水、输送污水等个方面。

玻璃钢管是近年来在我国兴起的新型管道材料，优点是管道糙率低，一般按 n=0.0084 计算时其选用管径较球墨铸铁管或钢管小一级，可降低工程造价，且管道自重轻，运输方便，施工强度低，材质卫生，对水质无污染，耐腐蚀性能好。其缺点是管道本身承受外压能力差，对施工技术要求高，生产中人工因素较多，例如，管道管件、三通、弯头生产，必须有严格的质量保证措施。

玻璃钢管特点：

（1）耐腐蚀性好，对水质无影响。玻璃钢管道能抵抗酸、碱、盐、海水、未经处理的污水、腐蚀性土壤或地下水及众多化学流体的侵蚀。比传统管材的使用寿命长，其设计使用寿命一般为 50 年以上。

（2）耐热性、抗冻性好。在 -30℃ 状态下，仍具有良好的韧性和极高的强度，可在 -50℃～80℃ 的范围内长期使用。

（3）自重轻、强度高，运输安装方便。采用纤维缠绕生产的夹砂玻璃钢管道，其比重在 1.65～2.0，环向拉伸强度为 180～300MPa，轴向拉伸强度为 60～150MPa。

（4）摩擦阻力小，输水水头损失小。内壁光滑，糙率和摩阻力很小。糙率系数可达 0.0084，能显著减少沿程的流体压力损失，提高输水能力。

（5）耐磨性好。

四、塑料管

塑料管一般是以塑料树脂为原料，加入稳定剂、润滑剂等经熔融而成的制品。由于它具有质轻、耐腐蚀、外形美观、无不良气味、加工容易、施工方便等特点，在建筑工程中获得了越来越广泛的应用。

（一）塑料管材特性

塑料管的主要优点是具有表面光滑、输送流体阻力小、耐蚀性能好、质量轻、成型方便、加工容易，缺点是强度较低，耐热性差。

（二）塑料管材分类

塑料管有热塑性塑料管和热固性塑料管两大类。热塑性塑料管采用的主要树脂有聚氯乙烯树脂（PVC）、聚乙烯树脂（PE）、聚丙烯树脂（PP）、聚苯乙烯树脂（PS）、丙烯腈—丁二烯—苯乙烯树脂（ABS）、聚丁烯树脂（PB）等；热固性塑料采用的主要树脂有不饱和聚酯树脂、环氧树脂、呋喃树脂、酚醛树脂等。

（三）常用塑料管性能及优缺点

1. 硬聚氯乙烯（PVC-U）

化学腐蚀性好，不生锈；具有自熄性和阻燃性；耐老化性好，可在 -15℃～60℃ 使用 20～50 年；密度小，质量轻，易扩口、黏结、弯曲、焊接、安装工作量仅为钢管的 1/2，劳动强度低、工期短；水力性能好，内壁光滑，内壁表面张力，很难形成水垢，流体输送能力比铸铁管高 3.7 倍；阻电性能良好，体积电阻 $(1～3)×10^5 \Omega \cdot cm$，击穿电压 23～2kV/mm；节约金属能源。

但是韧性低，线膨胀系数大，使用温度范围窄；力学性能差，抗冲击性不佳，刚性差，平直性也差，因而管卡及吊架设置密度高；燃烧时热分解，会释放出有毒气体和烟雾。

2. 无规共聚聚丙烯管（PP-R）

PP-R 在原料生产、制品加工、使用及废弃全过程均不会对人体及环境造成不利影响，与交联聚乙烯管材同被称为绿色建材。除具有一般塑料管材质量轻、强度好、耐腐蚀、使用寿命长等优点外，还有无毒卫生的特点，符合国家卫生标准要求；耐热保温；连接安装简单可靠；弹性好、防冻裂。但是线膨胀系数较大，为 0.14～0.16mm/(m·K)；抗紫外线性能差，在阳光的长期直接照射下容易老化。

材料特性：

（1）可热熔连接，系统密封性好且安装便捷；
（2）在 70℃ 的工作条件下可连续工作，寿命可达 50 年，短期工作温度可达 95℃；
（3）不结垢，流阻小；
（4）经济性好。

3.PE 管

PE 材料（聚乙烯）由于其强度高、耐高温、抗腐蚀、无毒等特点，被广泛应用于给水管制造领域。因为它不会生锈，所以，是替代部分普通铁质给水管的理想管材。

PE 管特点：

（1）对水质无污染：PE 管加工时不添加重金属盐稳定剂，材质无毒性，无结垢层，不滋生细菌，很好地解决了城市饮用水的二次污染。

（2）耐腐蚀性能较好：除少数强氧化剂外，可耐多种化学介质的侵蚀；无电化学腐蚀。

（3）耐老化，使用寿命长：在额定温度、压力状况下，PE 管道可安全使用 50 年以上。

（4）内壁水流摩擦系数小：输水时水头阻力损失小。

（5）韧性好：耐冲击强度高，重物直接压过管道，不会导致管道破裂。

（6）连接方便可靠：PE 管热熔或电熔接口的强度高于管材本体，接缝不会由于土壤移动或活载荷的作用断开。

（7）施工简单：管道质轻，焊接工艺简单，施工方便，工程综合造价低。在水利工程中的应用：

第一，城镇、农村自来水管道系统：城市及农村供水主干管和埋地管。

第二，园林绿化供水管网。

第三，污水排放用管材。

第四，农田水利灌溉工程。

第五，工程建设过程中的临时排水、导流工程等。

4.高密度聚乙烯管（HDPE）

高密度聚乙烯管（HDPE）双壁波纹管是一种用料省、刚性高、弯曲性优良，具有波纹状外壁、光滑内壁的管材。双壁管较同规格同强度的普通管可省料 40%，具有高抗冲高抗压的特性。

基本特性：高密度聚乙烯是一种不透明白色蜡状材料，比重为 0.941～0.960，比水轻，柔软而且有韧性，但比 LDPE 略硬，也略能伸长，无毒，无味。易燃，离火后能继续燃烧，火焰上端呈黄色，下端呈蓝色，燃烧时会熔融，有液体滴落，无黑烟冒出，同时，发出石蜡燃烧时的气味。

主要优点：耐酸碱，耐有机溶剂，电绝缘性优良，低温时，仍能保持一定的韧性。表面硬度，拉伸强度，刚性等机械强度都高于 LDPE，接近于 PP，且比 PP 韧性高，但表面光洁度不如 PP。

主要缺点：机械性能差，透气性差，易变形，易老化，易发脆，脆性低于 PP，易应力开裂，表面硬度低，易刮伤。难印刷，印刷时，须进行表面放电处理，不能电镀，表面无光泽。

5. 塑料波纹管

塑料波纹管在结构设计上采用特殊的"环形槽"式异形断面形式，这种管材设计新颖、结构合理，突破了普通管材的"板式"传统结构，使管材具有足够的抗压和抗冲击强度，又具有良好的柔韧性。根据成型方法的不同可分为单壁波纹管、双壁波纹管。其特点是刚柔兼备，即具有足够的力学性能的同时，兼备优异的柔韧性；质量轻、省材料、降能耗、价格便宜；内壁光滑的波纹管能减少液体在管内流动阻力，进一步提高输送能力；耐化学腐蚀性强，可承受土壤中酸碱的影响；波纹形状能加强管道对土壤的负荷抵抗力，又不增加它的曲挠性，以便于连续敷设在凹凸不平的地面上；接口方便且密封性能好，搬运容易，安装方便，减轻劳动强度，缩短工期；使用温度范围广、阻燃、自熄、使用安全；电气绝缘性能好，是电线套管的理想材料。

五、混凝土管

混凝土管分为素混凝土管、普通钢筋混凝土管、自应力钢筋混凝土管和预应力混凝土管四类。按混凝土管内径的不同，可分为小直径管（内径400mm以下）、中直径管（400～1 400mm）和大直径管（1 400mm以上）。按管子承受水压能力的不同，可分为低压管和压力管，压力管的工作压力一般有0.4、0.6、0.8、1.0、1.2MPa等。混凝土管与钢管比较，按管子接头形式的不同，又可分为平口式管、承插式管和企口式管。其接口形式有水泥砂浆抹带接口、钢丝网水泥砂浆抹带接口、水泥砂浆承插和橡胶圈承插等。

成型方法有离心法、振动法、滚压法、真空作业法以及滚压、离心和振动联合作用的方法。预应力管配有纵向和环向预应力钢筋，因此具有较高的抗裂能力和抗渗能力。20世纪80年代，中国和其他一些国家发展了自应力钢筋混凝土管，其主要特点是利用自应力水泥在硬化过程中的膨胀作用产生预应力，简化了制造工艺。混凝土管与钢管比较，可以大量节约钢材，延长使用寿命，且建厂投资少，铺设安装方便，已在工厂、矿山、油田、港口、城市建设和农田水利工程中得到广泛的应用。

混凝土管的优点是抗渗性和耐久性能好，不会腐蚀及腐烂，内壁不结垢等；缺点是质地较脆易碰损、铺设时要求沟底平整，且需要做管道基础及管座，常用于大型水利工程。预应力钢筒混凝土管（PCCP）是由带钢筒的高强混凝土管芯缠绕预应力钢丝，再喷以水泥砂浆保护层而构成；用钢制承插口和钢筒焊在一起，由承插口上的凹槽与胶圈形成滑动式柔性接头；是钢板、混凝土、高强钢丝和水泥砂浆几种材料组合而成的复合型管材，主要有内衬式和嵌置式形式。在水利工程中应用广泛，如跨区域输水、农业灌溉、污水排放等。

预应力钢筒混凝土管（PCCP）也是近年在我国开始使用的新型管道材料，具有强度高，抗渗性好，耐久性强，无须防腐等优点，且价格较低。缺点是自重大，运输费用高管件需要做成钢制，在大批量使用时，可在工程附近建厂加工制作，减少长途运输环节缩短工期。

PCCP 管道的特点：

(1) 能够承受较高的内外荷载；

(2) 安装方便，适宜于各种地质条件下施工；

(3) 使用寿命长；

(4) 运行和维护费用低。

PCCP 管道工程设计、制造、运输和安装难点集中在管道连接处。管件连接的部位主要有：顶管两端连接、穿越交叉构筑物及河流等竖向折弯处、管道控制阀、流量计、入流或分流叉管及排气检修设施两端。

第二节 管道开槽法施工

管道工程多为地下铺设管道，为铺设地下管道进行土方开挖叫挖槽。开挖的槽叫作沟槽或基槽，为建筑物、构筑物开挖的坑叫基坑。管道工程挖槽是主要工序，其特点是：管线长、工作量大、劳动繁重、施工条件复杂。又因为开挖的土成分较为复杂，施工中常受到水文地质、气候、施工地区等因素影响，因而一般较深的沟槽土壁常用木板或板桩支撑，当槽底位于地下水位以下时，需采取排水和降低地下水位的施工方法。

一、沟槽的形式

沟槽的开挖断面应考虑管道结构的施工方便，确保工程质量和安全，具有一定的强度和稳定性。同时也应考虑少挖方、少占地、经济合理的原则。在了解开挖地段的土壤性质及地下水位情况后，可结合管径大小、埋管深度、施工季节、地下构筑物等情况，施工现场及沟槽附近地下构筑物的位置因素来选择开挖方法，并合理地确定沟槽开挖断面。常采用的沟槽断面形式有直槽、梯形槽、混合槽等；当有两条或多条管道共同埋设时，还须采用联合槽。

直槽，即槽帮边坡基本为直坡（边坡小于 0.05 的开挖断面）。直槽一般是用于地质情况好、工期短、深度较浅的小管径工程，如地下水位低于槽底，直槽深度不超过 1.5m 的情况。在地下水位以下采用直槽时则须考虑支撑。

梯形槽（大开槽），即槽帮具有一定坡度的开挖断面，开挖断面槽帮放坡，不用支撑。槽底如在地下水位以下，目前多采用人工降低水位的施工方法，减少支撑。采用此种大开槽断面，在土质好（如黏土、亚黏土）时，即使槽底在地下水以下，也可以在槽底挖成排水沟，进行表面排水，保证其槽帮土壤的稳定。大开槽断面是应用较多的一种形式，尤其适用于机械开挖的施工方法。

混合槽，即由直槽与大开槽组合而成的多层开挖断面，较深的沟槽宜采用此种混合槽分层开挖断面。混合槽一般多为深槽施工。采取混合槽施工时上部槽尽可能采用机械施工开挖，下部槽的开挖常需要同时考虑采用排水及支撑的施工措施。

沟槽开挖时，为防止地面水流入坑内冲刷边坡，造成塌方和破坏基土，上部应有排水措施。对较大的井室基槽的开挖，应先进行测量定位，抄平放线，定出开挖宽度，按放线分层挖土，根据土质和水文情况采取在四侧或两侧直立开挖和放坡，以保证施工操作安全。放坡后基槽上口宽度由基础底面宽度及边坡坡度来决定，坑底宽度应根据管材、管外径和接口方式等确定，以便于施工操作。

二、开挖方法

沟槽开挖有人工开挖和机械开挖两种施工方法。

（一）人工开挖

在小管径、土方量少或施工现场狭窄、地下障碍物多、不易采用机械挖土或深槽作业时，底槽需要支撑无法采用机械挖土时，通常采用人工挖土。

人工挖土使用的主要工具为铁锹、镐，主要施工工序为放线、开挖、修坡、清底等。沟槽开挖须按开挖断面先求出中心到槽口边线距离，并按此在施工现场施放开挖边线。槽深在2m以内的沟槽，人工挖土与沟槽内出土结合在一起进行。较深的沟槽，分层开挖，每层开挖深度一般在2～3m为宜，利用层间留台人工倒土出土。在开挖过程中应控制开挖断面将槽帮边坡挖出，槽帮边坡应不陡于规定坡度，检查时可用坡度尺检验，外观检查不得有亏损、鼓胀现象，表面应平顺。

槽底土壤严禁扰动。挖槽在接近槽底时，要加强测量，注意清底，不要超挖。如果发生超挖，应按规定要求进行回填，槽底应保持平整，槽底高程及槽底中心每侧宽度均应符合设计要求，同时满足土方槽底高程偏差不大于±20mm，石方槽底高程偏差-20～-200mm。

沟槽开挖时应注意施工安全，操作人员应有足够的安全施工工作面，防止铁锹、镐碰伤。槽帮上如果有石块碎砖应清走。原沟槽每隔50m设一架梯子，上下沟槽应走梯子。在槽下作业的工人应戴安全帽。当在深沟内挖土清底时，沟上要有专人监护，注意沟壁的完好，确保作业的安全，防止沟壁塌方伤人。每日上下班前，应检查沟槽有无裂缝、坍塌等迹象。

（二）机械开挖

目前使用的挖土机械主要有推土机、单斗挖土机、装载机等。机械挖土的特点是效率高、速度快、占用工期少。为了充分发挥机械施工的特点，提高机械利用率，保证安全生产，施工前的准备工作应做细，并合理选择施工机械。沟槽（基坑）的开挖，多是采用机械开挖、人工清底的施工方法。

机械挖槽时，应保证槽底土壤不被扰动和破坏。一般地，机械不可能准确地将槽底按规定高程整平，设计槽底以上宜留20～30cm采用人工清挖的施工方法。

采用机械挖槽方法，应向司机详细交底，交底内容一般包括挖槽断面（深度、槽帮坡度、宽度)的尺寸、堆土位置、电线高度、地下电缆、地下构筑物及施工要求,并根据情况会同机械操作人员制定安全生产措施后,方可进行施工。机械司机进入施工现场后,应听从现场指挥人员的指挥,对现场涉及机械、人员安全的情况应及时提出意见,妥善解决,确保安全。

指定专人与司机配合,保质保量,安全生产。其他配合人员应熟悉机械挖土有关安全操作规程,掌握沟槽开挖断面尺寸,算出应挖深度,及时测量槽底高程和宽度,防止超挖和亏挖,经常查看沟槽有无裂缝、坍塌迹象,注意机械工作安全。挖掘前,当机械司机释放喇叭信号后,其他人员应离开工作区,维护施工现场安全。工作结束后指引机械开到安全地带,当指引机械工作和行动时,注意上空线路及行车安全。

配合机械作业的土方辅助人员,如清底、平地、修坡人员应在机械的回转半径以外操作,如果必须在其半径以内工作时,例如,拨动石块的人员,则应在机械运转停止以后方允许进入操作区。机上机下人员应彼此密切配合,当机械回转半径内有人时,应严禁开动机器。

在地下电缆附近工作时,必须查清地下电缆的走向并做好明显的标志。采用挖土机挖土时,应严格保持在 1m 以外距离工作。其他各类管线也应查清走向,开挖断面应在管线外保持一定距离,一般以 0.5～1m 为宜。

无论是人工挖土还是机械开挖,管沟应以设计管底标高为依据。要确保施工过程中沟底土壤不被扰动,不被水浸泡,不受冰冻,不遭污染。当无地下水时,挖至规定标高以上 5～10cm 即可停挖;当有地下水时,则挖至规定标高以上 10～15cm,待下管前清底。

挖土不容许超过规定高程,若局部超挖应认真进行人工处理,当超挖在 15cm 之内又无地下水时,可用原状土回填夯实,其密实度不应低于 95%;当沟底有地下水或沟底土层含水量较大时,可用沙夹石回填。

(三)雨冬季施工

1. 雨期施工

雨期施工,尽量缩短开槽长度,速战速决。

雨期挖槽时,必须充分考虑由于挖槽和堆土,破坏了原有排水系统后会造成排水不畅,应布置好排除雨水的排水设施和系统,防止雨水浸泡房屋和淹没农田及道路。

雨期挖槽应采取措施,防止雨水倒灌沟槽。一般采取如下措施:在沟槽四周的堆土缺口,如运料口、下管道口、便桥桥头等堆叠挡土,使其闭合,构成一道防线;堆土向槽的一侧应拍实,避免雨水冲塌,并挖排水沟,将汇集的雨水引向槽外。

雨期挖槽时,往往由于特殊需要,或暴雨雨量集中时,还应考虑有计划地将雨水引入槽内,宜每 30m 左右做一泄水口,以免冲刷槽帮,同时还应采取防止塌槽、漂管等措施。

为防止槽底土壤扰动,挖槽见底后应立即进行下一工序,否则槽底以上宜暂留 20cm 不挖,作为保护层。

雨期施工不宜靠近房屋、墙壁堆土。

2. 冬期施工

人工挖冻土法：采用人工使用大锤打铁楔子的方法，打开冻结硬壳将铁楔子打入冻土层中。开挖冻土时应制定必要的安全措施，严禁掏洞挖土。

机械挖冻土方法：当冻结深度在25cm以内时，使用一般中型挖掘机开挖；冻结深度在40cm以上时，可在推土机后面装上松土器械将冻土层破开。

三、下管

下管方法有人工下管法和机械下管法。应根据管子的重量和工程量的大小、施工环境、沟槽断面、工期要求及设备供应等情况综合考虑确定。

（一）人工下管法

人工下管应以施工方便、操作安全为原则，可根据工人操作的熟练程度、管子重量、管子长短、施工条件、沟槽深浅等因素综合考虑。其适用范围为：管径小，自重轻；施工现场狭窄，不便于机械操作；工程量较小，而且机械供应有困难。

1. 贯绳下管法

适用于管径小于30cm以下的混凝土管、缸瓦管。用带铁钩的粗白棕绳，由管内穿出钩住管头，然后一边用人工控制白棕绳，一边滚管，将管子缓慢送入沟槽内。

2. 压绳下管法

压绳下管法是人工下管法中最常用的一种方法。

适用于中、小型管子，方法灵活，可作为分散下管法。具体操作是在沟槽上边打入两根撬棍，分别套住一根下管大绳，绳子一端用脚踩牢，用手拉住绳子另一端，听从一人号令，徐徐放松绳子，直至将管子放至沟槽底部。

当管子自重大，一根撬棍的摩擦力不能克服管子自重时，两边可各自多打入一根撬棍，以增大绳子的摩擦阻力。

3. 集中压绳下管法

此种方法适用较大管径，即从固定位置往沟槽内下管，然后在沟槽内将管子运至稳管位置。在下管处埋入1/2立管长度，内填土方，将下管用两根大绳缠绕（一般绕一圈）在立管上，绳子一端固定，另一端由人工操作，利用绳子与立管之间的摩擦力控制下管速度。操作时注意两边放绳要均匀，防止管子倾斜。

4. 搭架法（吊链下管）

常用有三脚架式四脚架法，在架子上装上吊链起吊管子。

其操作过程如下：先在沟槽上铺上方木，将管子滚至方木上。吊链将管子吊起，撤出原铺方木，操作吊链使管子徐徐下入沟底。下管用的大绳应质地坚固、不断股、不糟朽、无夹心。

（二）机械下管法

机械下管速度快、安全，并且可以减轻工人的劳动强度。条件允许情况下，应尽可能采用机械下管法。其适用范围为：管径大，自重大；沟槽深，工程量大；施工现场便于机械操作。机械下管一般沿沟槽移动。因此，沟槽开挖时应一侧堆土，另一侧作为机械工作面，运输道路、管材堆放场地。管子堆放在下管机械的臂长范围之内，以减少管材的二次搬运。

机械下管视管子重量选择起重机械，常用有汽车起重机和履带式起重机。采用机械下管时，应设专人统一指挥。机械下管不应一点起吊，采用两点起吊时吊绳应找好重心，平吊轻放。各点绳索受的重力 q 与管子自重 Q、吊绳的夹角 α 有关。

起重机禁止在斜坡地方吊着管子回转，轮胎式起重机作业前将支腿撑好，轮胎不应承担起吊的重量。支腿距沟边要有 2.0m 以上距离，必要时应垫木板。在起吊作业区内，禁止无关人员停留或通过。在吊钩和被吊起的重物下面，严禁任何人通过或站立。起吊作业时不应在带电的架空线路下作业，在架空线路同侧作业时，起重机臂杆距架空线要保持一定的安全距离。

四、稳管

稳管是将每节符合质量要求的管子按照设计的平面设置和高程稳在地基或基础上。稳管包括管子对中和对高程两个环节，两者同时进行。

（一）管轴线位置的控制

管轴线位置的控制是指所铺设的管线符合设计规定的坐标位置。其方法是在稳管前由测量人员将管中心钉测设在坡度板上，稳定时由操作人员将坡度板上中心钉挂上小线，即为管子轴线位置。稳管具体操作方法有中心线法和边线法。

1. 中心线法

即在中心线上挂一垂球，在管内放置一块带有中心刻度的水平尺，当垂球线穿过水平尺的中心刻度时，则表示管子已经对中。倘若垂线往水平尺中心刻度左边偏离，表明管子往右偏离中心线相等一段距离，调整管子位置，直至使其居中为止。

2. 边线法

即在管子同一侧，钉一排边桩，其高度接近管中心处。在边桩上钉一小钉，其位置距中心垂线保持同一常数值。稳管时，将边桩上的小钉挂上边线，即边线是与中心垂线相距同一距离的水平线。在稳管操作时，使管外皮与边线保持同一间距，则表示管道中心处于设计轴线位置。边线法稳管操作简便，应用较为广泛。

（二）管内底高程控制

沟槽开挖接近设计标高，由测量人员埋设坡度板，坡度板上标出桩号、高程和中心钉，坡度板埋设间距，排水管道一般为 10m，给水管道一般为 15～20m。管道平面及纵向折点和附属构筑物处，根据需要增设坡度板。

相邻两块坡度板的高程钉至管内底的垂直距离保持一常数，则两个高程钉的连线坡度与管内底坡度相平行，该连线称坡度线。坡度线上任何一点到管内底的垂直距离为一常数，称为下反数，稳管时，用一木制丁字形高程尺，上面标出下反数刻度，将高程尺垂直放在管内底中心位置，调整管子高程，使高程尺下反数的刻度与坡度线相重合，则表明管内底高程正确。

稳管工作的对中和对高程两者同时进行，根据管径大小，可由 2 人或 4 人进行，互相配合，稳好后的管子用石块垫牢。

五、沟槽回填

管道主要采用沟槽埋设的方式，由于回填土部分和沟壁原状土不是一个整体结构，整个沟槽的回填土对管顶存在一个作用力，而压力管道埋设于地下，一般不做人工基础，回填土的密实度要求虽严，实际上若达到这一要求并不容易，因此管道在安装及输送介质的初期一直处于沉降的不稳定状态。对土壤而言，这种沉降通常可分为三个阶段：第一阶段是逐步压缩，使受扰动的沟底土壤受压；第二阶段是土壤在它弹性限度内的沉降；第三阶段是土壤受压超过其弹性限度的压实性沉降。

对管道施工的工序而言，管道沉降分为五个过程：管子放入沟内，由于管材自重使沟底表层的土壤压缩，引起管道第一次沉降，如果管子入沟前没挖接头坑，在这一沉降过程中，当沟底土壤较密，承载能力较大、管道口径较小时，管和土的接触主要在承口部位；开挖接头坑，使管身与土壤接触或接触面积的变化，引起第二次沉降；管道灌满水后，因管重变化引起第三次沉降；管沟回填土后，同样引起第四次沉降；实践证明，整个沉降过程不因沟槽内土的回填而终止，它还会有一个较长时期的缓慢的沉降过程，这就是第五次沉降。

管道的沉降是管道垂直方向的位移，是由管底土壤受力后变形所致，不一定是管道基础的破坏。沉降的快慢及沉降量的大小，随着土壤的承载力、管道作用于沟底土壤的压力、管道和土壤接触面形状的变化而变化。

如果管底土质发生变化，管接口及管道两侧（胸腔）回填土的密实度不好，就可能会发生管道的不均匀沉降，引起管接口的应力集中，造成接口漏水等事故；而这些漏水的发展又引起管基础的破坏，水土流移，反过来加剧了管道的不均匀沉降，最后导致管道更大程度的损坏。

管道沟槽的回填，特别是管道胸腔土的回填极为重要，否则管道会因应力集中而变形、破裂。

（一）回填土施工

回填土施工包括填土、摊平、夯实、检查等四个工序。回填土土质应符合设计要求，保证填方的强度和稳定性。

两侧胸腔应同时分层填土摊平，夯实也应同时以同一速度前进。管子上方土的回填，从纵断面上看，在厚土层与薄土层之间，已夯实土与未夯实土之间，应有较长的过渡地段，以免管子受压不均而发生开裂。相邻两层回填土的分装位置应错开。

胸腔和管顶上 50 cm 范围内夯土时，夯击力过大，将会使管壁或沟壁开裂。因此应根据管沟的强度确定夯实机械。

每层土夯实后，应测定密实度。回填后应使沟槽上土面呈拱形，以免日久因土沉降而造成地面下凹。

（二）冬期和雨期施工

1. 冬期施工

应尽量采取缩短施工段落，分层薄填，迅速夯实，铺土须当天完成。

管道上方有计划修筑路面者不得回填冻土。上方无修筑路面计划者，胸腔及管道顶以上 50 cm 范围内不得回填冻土，其上部回填冻土含量也不能超过填方总体积的 15%，且冻土尺寸不得大于 10cm。

冬期施工应根据回填冻土含量、填土高度、土壤种类来确定预留沉降度，一般中心部分高出地面 10～20cm 为宜。

2. 雨期施工

还土应边还土边碾压夯实，当日回填当日夯实。雨后还土应先测土壤含水量，对过湿土应做处理。

槽内有水时，应先排除，方可回填；取土还土时，应避免造成地面水流向槽内的通道。

第三节 管道不开槽法施工

地下管道在穿越铁路、河流、土坝等重要建筑物和不适宜采用开槽法施工时，可选用不开槽法施工。其施工的特点为：不需要拆除地上的建筑物、不影响地面交通、减少土方开挖量、管道不必设置基础和管座、不受季节影响，有利于文明施工。

管道不开槽法施工种类较多，可归纳为掘进顶管法、不取土顶管法、盾构法和暗挖法等。暗挖法与隧洞施工有相似之处，在此主要介绍顶管法和盾构法。

一、掘进顶管法

掘进顶管法包括人工取土顶管法、机械取土顶管法和水力冲刷顶管法等。1. 人工取土顶管法

人工取土顶管法是依靠人工在管内端部挖掘土壤，然后在工作坑内借助顶进设备，把敷设的管子按设计中心和高程的要求顶入，并用小车将土从管中运出。适用于管径大于800mm 的管道顶进，应用较为广泛。

（一）顶管施工的准备工作。

工作坑是掘进顶管施工的主要工作场所，应有足够的空间和工作面，保证下管、安装顶进设备和操作间距。施工前，要选定工作坑的位置、尺寸及进行顶管后背验算。后背可分为浅覆土后背和深覆土后背，具体计算可按挡土墙计算方法确定。顶管时，后背不应当破坏及产生不允许的压缩变形。工作坑的位置可根据以下条件确定：

1. 根据管线设计，排水管线可选在检查井处。
2. 单向顶进时，应选在管道下游端，以利排水。
3. 考虑地形和土质情况，选择可利用的原土后背。
4. 工作坑与被穿越的建筑物要有一定安全距离，距水、电源地方较近。

（二）挖土与运土。

管前挖土是保证顶进质量及地上构筑物安全的关键，管前挖土的方向和开挖形状直接影响顶进管位的准确性。由于管子在顶进中是循着已挖好的土壁前进的，管前周围超挖应

严格控制。

管前挖土深度一般等于千斤顶出镐长度，如土质较好，可超前 0.5m。超挖过大，土壁开挖形状就不易控制，易引起管位偏差和上方土坍塌。在松软土层中顶进时，应采取管顶上部土壤加固或管前安设管檐，操作人员在其内挖土，防止坍塌伤人。

管前挖出土应及时外运。管径较大时，可用双轮手推车推运。管径较小应采用双筒卷扬机牵引四轮小车出土。

（三）顶进。

顶进是利用千斤顶出镐在后背不动的情况下将管子推向前进。其操作过程如下：

1. 安装好顶铁挤牢，管前端已挖一定长度后，启动油泵，千斤顶进油，活塞伸出一个工作行程，将管子推向一定距离。

2. 停止油泵，打开控制闸，千斤顶回油，活塞回缩。

3. 添加顶铁，重复上述操作，直至需要安装下一节管子为止。

4. 卸下顶铁，下管，在混凝土管接口处放一圈麻绳，以保证接口缝隙和受力均匀。

5. 在管内口处安装一个内涨圈，作为临时性加固措施，防止顶进纠偏时错口，涨圈直径小于管内径 5～8cm，空隙用木楔背紧，涨圈用 7～8mm 厚钢板焊制，宽 200～300mm。

6. 重新装好顶铁，重复上述操作。

在顶进过程中，要做好顶管测量及误差校正工作。

（二）机械取土顶管法

机械取土顶管与人工取土顶管除了掘进和管内运土不同外，其余部分大致相同。机械取土顶管是在被顶进管子前端安装机械钻进的挖土设备，配上皮带运土，可代替人工挖、运土。

二、盾构法

盾构是用于地下不开槽法施工时进行地层开挖及衬砌拼装时起支护作用的施工设备，基本构造由开挖系统、推进系统和衬砌拼装系统三部分组成。

（一）施工准备

盾构施工前根据设计提供的图纸和有关资料，对施工现场应进行详细勘察，对地上、地下障碍物、地形、土质、地下水和现场条件等诸个方面进行了解，根据勘察结果，编制盾构施工方案。

盾构施工的准备工作还应包括测量定线、衬块预制、盾构机械组装、降低地下水位、土层加固以及工作坑开挖等。

（二）盾构工作坑及始顶

盾构法施工也应当设置工作坑，作为盾构开始、中间和结束井。

开始工作坑与顶管工作坑相同，其尺寸应满足盾构和顶进设备尺寸的要求。工作坑周壁应做支撑或者采用沉井或连续墙加固，防止坍塌，并在顶进装置背后做好牢固的后背。

盾构在工作坑导轨上至盾构完全进入土中的这一段距离，借助外部千斤顶顶进。与顶管方法相同。

当盾构进入土中以后，在开始工作坑后背与盾构衬砌环之间各设置一个木环，其大小尺寸与衬砌环相等，在两个木环之间用圆木支撑，作为始顶段的盾构千斤顶的支撑结构。一般情况下，衬砌环长度达 30～50m 以后，才能起到后背作用，方可拆除工作坑内圆木支撑。

如顶段开始后，即可起用盾构本身千斤顶，将切削环的刃口切入土中，在切削环掩护下进行掘土，一面出土一面将衬砌块运入盾构内，待千斤顶回镐后，其空隙部分进行砌块拼装。再以衬砌环为后背，启动千斤顶，重复上述操作，盾构便不断前进。

（三）衬砌和灌浆

按照设计要求，确定砌块形状和尺寸以及接缝方法，接口有平口、企口和螺栓连接。企口接缝防水性能好，但拼装复杂；螺栓连接整体性好，刚度大。砌块接口涂抹黏结剂，提高防水性能，常用的黏结剂有沥青玛脂、环氧胶泥等。

砌块外壁与土壁间的间隙应用水泥砂浆或豆石混凝土浇筑。通常每隔 3～5 衬砌环有一灌注孔环，此环上设有 4～10 个灌注孔。灌注孔直径不小于 36mm。

灌浆作业应及时进行。灌入顺序自下而上，左右对称地进行。灌浆时应防止浆液漏入盾构内，在此之前应做好止水。

砌块衬砌和缝隙注浆合称为一次衬砌。二次衬砌按照动能要求，在一次衬砌合格后可进行二次衬砌。二次衬砌可浇筑豆石混凝土、喷射混凝土等。

第四节　管道的制作安装

一、钢管

（一）管材

管节的材料、规格、压力等级等应符合设计要求，管节宜工厂预制，现场加工应符合下列规定：

（1）管节表面应无斑疤、裂纹、严重锈蚀等缺陷；

（2）焊缝外观质量应符合表4—2的规定，焊缝无损检验合格；

（13）直焊缝卷管管节几何尺寸允许偏差应符合表4—1的规定；

（4）同一管节允许有两条纵缝，管径大于或等于600mm时，纵向焊缝的间距应大于300mm；管径小于600mm时，其间距应大于100mm。

表 4-1 焊缝的外观质量

项目	技术要求
外观	不得有熔化金属流到焊缝外未熔化的母材上，焊缝和热影响区表面不得有裂纹、气孔、弧坑和灰渣等缺陷；表面光顺、均匀、焊道与母材应平缓过渡
宽度	应焊出坡口边缘 2～3mm
表面余高	应小于或等于1+0.2倍坡口边缘宽度，且不大于4mm
咬边	深度应小于或等于0.5mm，焊缝两侧咬边总长不得超过焊缝长度的10%，且连续长不应大于100mm
错边	应小于或等于0.2，且不应大于2mm
未焊满	不允许

（二）钢管安装

（1）管道安装应符合现行国家标准《工业金属管道工程施工及验收规范》（GB50235—2010）、《现场设备、工业管道焊接工程施工及验收规范》（GB 50236—2011）等规范的规定，并应符合下列规定：

①对首次采用的钢材、焊接材料、焊接方法或焊接工艺，施工单位必须在施焊前按设计要求和有关规定进行焊接试验，并应根据试验结果编制焊接工艺指导书；

②焊工必须按规定经相关部门考试合格后持证上岗，并应根据经过评定的焊接工艺指导书进行施焊；

表 4-2　直焊缝卷管管节几何尺寸的允许偏差

项目	允许偏差 /mm	
周长	$D_i \leqslant 600$	±2.0
	$D_i \geqslant 600$	±0.0035D_i
圆度	管端 0.005D_i；其他部位 0.01D_i	
端面垂直度	0.001D_i；且不大于 1.5	
弧度	用弧长 $\pi D_i/6$ 的弧形板量测于管内壁或外壁纵缝处形的间隙，其间隙为 $0.1t+2$，且不大于 4，距管端 200mm 纵缝处的间隙不大于 2	

注：D_i 为管内径（m）。

③沟槽内焊接时，应采取有效技术措施保证管道底部的焊缝质量。

（2）管道安装前，管节应逐根测量、编号。宜选用管径相差最小的管节组对对接。

（3）下管前应先检查管节的内外防腐层，合格后方可下管。

（4）管节组成管段下管时，管段的长度、吊距，应根据管径、壁厚、外防腐层材料的种类及下管方法确定。

（5）弯管起弯点至接口的距离不得小于管径，且不得小于 100mm。

（6）管节组对焊接时应先修口、清根，管端端面的坡口角度、钝边、间隙，应符合设计要求，设计无要求时应符合表 4—3 的规定；不得在对口间隙夹焊帮条或用加热法缩小间隙施焊。

表 4-3 电弧焊管端倒角各部尺寸

倒角形式		间隙 b/mm	钝边 p/mm	坡口角度 α/(°)
图示	壁厚 t/mm			
	4~9	1.5~3.0	1.0~1.5	60~70
	10~26	2.0~4.0	1.0~2.0	60±5

(7) 对口时应使内壁齐平,错口的允许偏差应为壁厚的 20%,且不得大于 2mm。

(8) 对口时纵、环向焊缝的位置应符合下列规定。

①纵向焊缝应放在管道中心垂线上半圆的 45°左右处。

②纵向焊缝应错开,管径小于 600mm 时,错开的间距不得小于 100mm。管径大于或等于 600mm 时,错开的间距不得小于 300mm。

③有加固环的钢管,加固环的对焊焊缝应与管节纵向焊缝错开,其间距不应小于 100mm。加固环距管节的环向焊缝不应小于 50mm。

④环向焊缝距支架净距离不应小于 100mm。

⑤直管管段两相邻环向焊缝的间距不应小于 200mm,并不应小于管节的外径。

⑥管道任何位置不得有十字形焊缝。

(9) 不同壁厚的管节对口时,管壁厚度相差不宜大于 3mm。不同管径的管节相连时,两管径相差大于小管管径的 15% 时,可用渐缩管连接。渐缩管的长度不应小于两管径差值的 2 倍,且不应小于 200mm。

(10) 管道上开孔应符合下列规定:

①不得在干管的纵向、环向焊缝处开孔;

②管道上任何位置不得开方孔;

③不得在短节上或管件上开孔;

④开孔处的加固补强应符合设计要求。

(11) 直线管段不宜采用长度小于 800mm 的短节拼接。

(12) 组合钢管固定口焊接及两管段间的闭合焊接,应在无阳光直照和气温较低时施焊;采用柔性接口代替闭合焊接时,应与设计协商确定。

(13) 在寒冷或恶劣环境下焊接应符合下列规定:

①清除管道上的冰、雪、霜等;

②工作环境的风力大于 5 级、雪天或相对湿度大于 90% 时,应采取保护措施;

③焊接时,应使焊缝可自由伸缩,并应使焊口缓慢降温;

④冬期焊接时,应根据环境温度进行预热处理,并应符合表 4—4 的规定。

表 4-4 冬期焊接预热的规定

钢号	环境温度 /℃	预热宽度 /mm	预热达到温度 /℃
含碳量≤0.2% 碳素钢	≤-20	焊口每侧不小于 40	100~150
0.2% <含碳量< 0.3%	≤-10		
16Mn	≤0		100~200

（14）钢管对口检查合格后，方可进行接口定位焊接。定位焊接采用点焊时，应符合下列规定：

①点焊焊条应采用与接口焊接相同的焊条；

②点焊时，应对称施焊，其焊缝厚度应与第一层焊接厚度一致；

③钢管的纵向焊缝及螺旋焊缝处不得点焊；

④点焊长度与间距应符合表 4—5 的规定。

表 4-5 点焊长度与间距

管外径 D_0/mm	点焊长度 /mm	环向点焊点 /处
350~500	50~60	5
600~700	60~70	6
>800	80~100	点焊间距不宜大于 400mm

15.焊接方式应符合设计和焊接工艺评定的要求，管径大于 800mm 时，应采用双面焊。

16.管道对接时，环向焊缝的检验应符合下列规定：

①检查前应清除焊缝的渣皮、飞溅物。

②应在无损检测前进行外观质量检查。

③无损探伤检测方法应按设计要求选用。

④无损检测取样数量与质量要求应按设计要求执行。设计无要求时，压力管道的取样数量应不小于焊缝量的 10%。

⑤不合格的焊缝应返修，返修次数不得超过 3 次。

（17）钢管采用螺纹连接时，管节的切口断面应平整，偏差不得超过一扣；丝扣应光洁，不得有毛刺、乱扣、断扣，缺扣总长不得超过丝扣全长的10%，接口紧固后宜露出2～3扣螺纹。

（18）管道采用法兰连接时，应符合下列规定：

①法兰应与管道保持同心，两法兰间应平行；

②螺栓应使用相同规格，且安装方向应一致；螺栓应对称紧固，紧固好的螺栓应露出螺母之外；

③与法兰接口两侧相邻的第一至第二个刚性接口或焊接接口，待法兰螺栓紧固后方可施工；

④法兰接口埋入土中时，应采取防腐措施。

（三）钢管内外防腐

1. 管体的内外防腐层宜在工厂内完成，现场连接的补口按设计要求处理。

2. 液体环氧涂料内防腐层应符合下列规定：

（1）施工前具备的条件应符合下列规定：

①宜采用喷（抛）射除锈，除锈等级应不低于《涂覆涂料前钢材表面处理、第1部分》（GB/T 8923.1—2011）中规定的Sa2级。内表面经喷（抛）射处理后，应用清洁、干燥、无油的压缩空气将管道内部的砂粒、尘埃、锈粉等微尘清除干净。

②管道内表面处理后，应在钢管两端60～100mm范围内涂刷硅酸锌或其他可焊性防锈涂料，干膜厚度为20～40pm。

（2）内防腐层的材料质量应符合设计要求。

（3）内防腐层施工应符合下列规定：

①应按涂料生产厂家产品说明书的规定配制涂料，不宜加稀释剂。

②涂料使用前应搅拌均匀。

③宜采用高压无气喷涂工艺，在工艺条件受限时，可采用空气喷涂或挤涂工艺。

④应调整好工艺参数且稳定后，方可正式涂敷。防腐层应平整、光滑，无流挂、无划痕等。涂敷过程中应随时监测湿膜厚度。

⑤环境相对湿度大于85%时，应对钢管除湿后方可作业。严禁在雨、雪、雾及风沙等气候条件下露天作业。

3. 埋地管道外防腐层应符合设计要求，其构造应符合表 4—6、表 4—7 的规定。

表 4-6 石油沥青涂料外防腐层构造

材料种类	普通级（三油二布）		加强级（四油三布）		特加强级（五油四布）	
	构造	厚度/mm	构造	厚度/mm	构造	厚度/mm
石油沥青涂料	（1）底料一层 （2）沥青（厚度≥1.5mm） （3）玻璃布一层 （4）沥青（厚度1.0～1.5mm） （5）玻璃布一层 （6）沥青（厚度1.0～1.5mm） （7）聚氯乙烯工业薄膜一层	≥4.0	（1）底料一层 （2）沥青（厚度≥1.5mm） （3）玻璃布一层 （4）沥青（厚度1.0～1.5mm） （5）玻璃布一层 （6）沥青（厚度1.0～1.5mm） （7）玻璃布一层 （8）沥青（厚度1.0～1.5mm） （9）聚氯乙烯工业薄膜一层	≥5.5	（1）底料一层 （2）沥青（厚度≥1.5mm） （3）玻璃布一层 （4）沥青（厚度1.0～1.5mm） （5）玻璃布一层 （6）沥青（厚度1.0～1.5mm） （7）玻璃布一层 （8）沥青（厚度1.0～1.5mm） （9）玻璃布一层 （10）沥青（厚度1.0～1.mm） （11）聚氯乙烯工业薄膜一层	≥7.0

表 4—7 环氧煤沥青涂料外防腐层构造

材料种类	普通级（三油）		加强级（四油一布）		特加强级（六油二布）	
	构造	厚度/mm	构造	厚度/mm	构造	厚度/mm
环氧煤沥青涂料	（1）底料 （2）面料 （3）面料 （4）面料	≥0.3	（1）底料 （2）面料 （3）面料 （4）玻璃布 （5）面料 （6）面料	≥0.4	（1）底料 （2）面料 （3）面料 （4）玻璃布 （5）面料 （6）面料 （7）玻璃布 （8）面料 （9）面料	≥0.6

4. 石油沥青涂料外防腐层施工应符合下列规定

（1）涂底料前管体表面应清除油垢、灰渣、铁锈；人工除氧化皮、铁锈时，其质量标准应达 St3 级；喷砂或化学除锈时，其质量标准应达 Sa2.5 级。

（2）涂底料时基面应干燥，基面除锈后与涂底料的间隔时间不得超过 8h。涂刷应均匀、饱满，涂层不得有凝块、起泡现象，底料厚度宜为 0.1～0.2mm，管两端 150～250mm 内不得涂刷。

（3）沥青涂料熬制温度宜在 230℃ 左右，最高温度不得超过 250℃，熬制时间宜控制在 45h，每锅料应抽样检查，其性能应符合表 4—8 的规定。

表 4-8 石油沥青涂料性能

项目	软化点（环球法）	针入度（25℃、100g）	延度（25℃）
性能指标	2125℃	5～20（1/10mm）	≥10mm

（4）沥青涂料应涂刷在洁净、干燥的底料上，常温下刷沥青涂料时，应在涂底料后 24h 之内实施；沥青涂料涂刷温度以 200℃～230℃ 为宜。

（5）涂沥青后应立即缠绕玻璃布，玻璃布的压边宽度应为 20～30mm，接头搭接长度应为 100～150mm，各层搭接接头应相互错开，玻璃布的油浸透率应达到 95% 以上，不得出现大于 50mm×50mm 的空白；管端或施工中断处应留出长 150～250mm 的缓坡型搭茬。

（6）包扎聚氯乙烯膜保护层作业时，不得有褶皱、脱壳现象；压边宽度应为 20～30mm，搭接长度应为 100～150mm。

（7）沟槽内管道接口处施工，应在焊接、试压合格后进行，接茬处应黏结牢固、严密。

5. 环氧煤沥青外防腐层施工应符合下列规定。

（1）管节表面应符合相关的规定；焊接表面应光滑无刺、无焊瘤、棱角；

（2）应按产品说明书的规定配制涂料。

（3）底料应在表面除锈合格后尽快涂刷，空气湿度过大时，应立即涂刷，涂刷应均匀，不得漏涂；管两端 100～150mm 范围内不涂刷，或在涂底料之前，在该部位涂刷可焊涂料或硅酸锌涂料，干膜厚度不应小于 25μm。

（4）面料涂刷和包扎玻璃布，应在底料表干后、固化前进行，底料与第一道面料涂刷的间隔时间不得超过 24h。

6. 雨期、冬期石油沥青及环氧煤沥青涂料外防腐层施工应符合下列规定

（1）环境温度低于 5℃ 时，不宜采用环氧煤沥青涂料；采用石油沥青涂料时，应采取冬期施工措施；环境温度低于 -15℃ 或相对湿度大于 85% 时，未采取措施不得进行施工。

（2）不得在雨、雾、雪或 5 级以上大风环境露天施工。

（3）已涂刷石油沥青防腐层的管道，炎热天气下不宜直接受阳光照射；冬期气温等于或低于沥青涂料脆化温度时，不得起吊、运输和铺设；脆化温度试验应符合现行国家标

准《石油沥青脆点测定法弗拉斯法》(GB/T 4510—2006)的规定。

二、球墨铸铁管安装

(1) 管节及管件的规格、尺寸公差、性能应符合国家有关标准规定和设计要求，进入施工现场时其外观质量应符合下列规定。

①管节及管件表面不得有裂纹，不得有妨碍使用的凹凸不平的缺陷。

②采用橡胶圈柔性接口的球墨铸铁管，承口的内工作面和插口的外工作面应光滑、轮廓清晰，不得有影响接口密封性的缺陷。

(2) 管节及管件下沟槽前，应清除承口内部的油污、飞刺、铸砂及凹凸不平的铸瘤；柔性接口铸铁管及管件承口的内工作面、插口的外工作面应修整光滑，不得有沟槽、凸脊缺陷；有裂纹的管节及管件不得使用。

(3) 沿直线安装管道时，宜选用管径公差组合最小的管节组对连接，确保接口的环向间隙应均匀。

(4) 采用滑入式或机械式柔性接口时，橡胶圈的质量、性能、细部尺寸，应符合国家有关球墨铸铁管及管件标准的规定。

(5) 橡胶圈安装经检验合格后，方可进行管道安装。

(6) 安装滑入式橡胶圈接口时，推入深度应达到标记环，并复查与其相邻已安好的第一至第二个接口推入深度。

(7) 安装机械式柔性接口时，应使插口与承口法兰压盖的轴线相重合；螺栓安装方向应一致，用扭矩扳手均匀、对称地紧固。

(8) 管道沿曲线安装时，接口的允许转角应符合表4—9的规定。

表4-9 沿曲线安装接口的允许转角

管径D/mm	75~600	700~800	≥900
允许转角/(°)	3	2	1

三、PCCP 管道

1.PCCP 管道运输、存放及现场检验

(1) PCCP 管道装卸。装卸 PCCP 管道的起重机必须具有一定的强度，严禁超负荷或在不稳定的工况下进行起吊装卸，管子起吊采用兜身吊带或专用的起吊工具，严禁采用穿心吊，起吊索具用柔性材料包裹，避免碰损管子。装卸过程始终保持轻装轻放的原则，严禁溜放或用推土机、叉车等直接碰撞和推拉管子，不得抛、摔、滚、拖。管子起吊时，管

中不得有人，管下不得有人逗留。

（2）PCCP管道装车运输。管子在装车运输时采取必需的防止振动、碰撞、滑移措施，在车上设置支座或在枕木上固定木楔以稳定管子，并与车厢绑扎牢稳，避免出现超高、超宽、超重等情况。另外在运输管子时，对管子的承插口要进行妥善的包扎保护，管子上面或里面禁止装运其他物品。

（3）PCCP管现场存放。PCCP管只能单层存放，不允许堆放。长期（1个月以上）存放时，必须采取适当的养护措施。存放时保持出厂横立轴的正确摆放位置，不得随意变换位置。

（4）PCCP管现场检验。到达现场的PCCP管必须附有出厂证明书，凡标志技术条件不明、技术指标不符合标准规定或设计要求的管子不得使用。证书至少包括如下资料：

①交付前钢材及钢丝的实验结果；
②用于管道生产的水泥及骨料的实验结果；
③每一钢筒试样检测结果；
④管芯混凝土及保护层砂浆试验结果；
⑤成品管三边承载试验及静水压力试验报告；
⑥配件的焊接检测结果和砂浆、环氧树脂涂层或防腐涂层的证明材料。

管子在安装前必须逐根进行外观检查：检查PCCP管尺寸公差，如椭圆度、断面垂直度、直径公差和保护层公差，符合现行国家质量验收标准规定；检查承插口有无碰损、外保护层有无脱落等，发现裂缝、保护层脱落、空鼓、接口掉角等缺陷在规范允许范围内，使用前必须修补并经鉴定合格后，方可使用。

PCCP管安装采用的橡胶密封圈材质必须符合JC625—1996的规定。橡胶圈形状为"O"形，使用前必须逐个检查，表面不得有气孔、裂缝、重皮、平面扭曲、肉眼可见的杂质及有碍使用和影响密封效果的缺陷。生产PCCP管厂家必须提供橡胶圈满足规范要求的质量合格报告及对应用水无害的证明书。

规范规定公称直径大于1 400mm PCCP管允许使用有接头的密封圈，但接头的性能不得低于母材的性能标准，现场抽取1%的数量进行接头强度试验。

2.PCCP管的吊装就位及安装

（1）PCCP管施工原则。PCCP管在坡度较大的斜坡区域安装时，按照由下至上的方向施工，先安装坡底管道，顺序向上安装坡顶管道，注意将管道的承口朝上，以便于施工。根据标段内的管道沿线地形的坡度起伏，施工时进行分段分区开设多个工作面，同时进行各段管道安装。

现场对PCCP管逐根进行承插口配管量测，按长短轴对正的方式进行安装。严禁将管子向沟底自由滚放，采用机具下管尽量减少沟槽上机械的移动和管子在管沟基槽内的多次搬运移动。吊车下管时注意吊车站位位置沟槽边坡的稳定。

（2）PCCP 管吊装就位。PCCP 管的吊装就位根据管径、周边地形、交通状况及沟槽的深度、工期要求等条件综合考虑，选择施工方法。只要施工现场具备吊车站位的条件，就采用吊车吊装就位，用两组倒链和钢丝绳将管子吊至沟槽内，用手扳葫芦配合吊车，对管子进行上下、左右微动，通过下部垫层、三角枕木和垫板使管子就位。

（3）管道及接头的清理、润滑。安装前先清扫管子内部，清除插口和承口圈上的全部灰尘、泥土及异物。胶圈套入插口凹槽之前先分别在插口圈外表面、承口圈的整个内表面和胶圈上涂抹润滑剂，胶圈滑入插口槽后，在胶圈及插口环之间插入一根光滑的杆（或用螺丝刀），将该杆绕接口圆两周（两个方向各一周），使胶圈紧紧地绕在插口上，形成一个非常好的密封面，然后再在胶圈上薄薄地涂上一层润滑油。所使用的润滑剂必须是植物性的或经厂家同意的替代型润滑剂而不能使用油基润滑剂，因油基润滑剂会损害橡胶圈，故而不能使用。

（4）管子对口。管道安装时，将刚吊下的管子的插口与已安装好的管子的承口对中，使插口正对承口。采用手扳葫芦外拉法将刚吊下的管子的插口缓慢而平稳地滑入前一根已安装的管子的承口内就位，管口连接时作业人员事先进入管内，往两管之间塞入挡块，控制两管之间的安装间隙在 20～30mm，同时也避免承插口环发生碰撞。特别注意管子顺直对口时使插口端和承口端保持平行，并使圆周间隙大致相等，以期准确就位。

注意勿让泥土污物落到已涂润滑剂的插口圈上。管子对接后及时检查胶圈位置，检查时，用一自制的柔性弯钩插入插口凸台与承口表面之间，并绕接缝转一圈，以确保在接口整个一圈都能接触到胶圈，如果接口完好，就可拿掉挡块，将管子拉拢到位。如果在某一部位接触不到胶圈，就要拉开接口，仔细检查胶圈有无切口、凹穴或其他损伤。如有问题，必须重换一只胶圈，并重新连接。每节 PCCP 管安装完成后，细致进行管道位置和高程的校验，确保安装质量。

（5）接口打压。PCCP 管其承插口采用双胶圈密封，管子对口完成后对每一处接口做水压试验。在插口的两道密封圈中间预留 10mm 螺孔作试验接口，试水时拧下螺栓，将水压试水机与之连接，注水加压。为防止管子在接口水压试验时产生位移，在相邻两管间用拉具拉紧。

（6）接口外部灌浆。为保护外露的钢承插口不受腐蚀，需要在管接口外侧进行灌浆或人工抹浆处理。具体做法如下。

①在接口的外侧裹一层麻布、塑料编织带或油毡纸（15～20cm 宽）作模，并用细铁丝将两侧扎紧，上面留有灌浆口，在接口间隙内放一根铁丝，以备灌浆时来回牵动，以使砂浆密实。

②用 1 ：1.5～2 的水泥砂浆调制成流态状，将砂浆灌满绕接口一圈的灌浆带，来回牵动铁丝使砂浆从另一侧冒出，再用干硬性混合物抹平灌浆带顶部的敞口，保证管底接口密实。第一次仅浇灌至灌浆带底部的 1/3 处，就进行回填，以便对整条灌浆带灌满砂浆时起支撑作用。

（7）接口内部填缝。接口内凹槽用 1 ：1.5～2 的水泥砂浆进行勾缝并抹平管接口内表面，使之与管内壁平齐。

（8）过渡件连接。阀门、排气阀或钢管等为法兰接口时，过渡件与其连接端必须采用相应的法兰接口，其法兰螺栓孔位置及直径必须与连接端的法兰一致。其中垫片或垫圈位置必须正确，拧紧时按对称位置相间进行，防止拧紧过程中产生的轴向拉力导致两端管道拉裂或接口拉脱。

连接不同材质的管材采用承插式接口时，过渡件与其连接端必须采用相应的承插式接口，其承口内径或插口外径及密封圈规格等必须符合连接端承口和插口的要求。

四、玻璃钢管

1. 管材

管节及管件的规格、性能应符合国家有关标准的规定和设计要求，进入施工现场时其外观质量应符合下列规定：

（1）内、外径偏差、承口深度（安装标记环）、有效长度、管壁厚度、管端面垂直度等应符合产品标准规定；

（2）内、外表面应光滑平整，无划痕、分层、针孔、杂质、破碎等现象；

（3）管端面应平齐、无毛刺等缺陷；

（4）橡胶圈应符合相关规定。

2. 接口连接、管道安装应符合下列规定

（1）采用套筒式连接的，应清除套筒内侧和插口外侧的污渍和附着物；

（2）管道安装就位后，套筒式或承插式接口周围不应有明显变形和胀破；

（3）施工过程中应防止管节受损伤，避免内表层和外保护层剥落；

（4）检查井、透气井、阀门井等附属构筑物或水平折角处的管节，应采取避免不均匀沉降造成接口转角过大的措施；

（5）混凝土或砌筑结构等构筑物墙体内的管节，可采取设置橡胶圈或中介层法等措施，管外壁与构筑物墙体的交界面密实、不渗漏。

3. 管道曲线铺设时，接口的允许转角不得大于表 4—10 的规定

表 5-10 沿曲线安装的接口允许转角

管内径 Di/mm	允许转角/(°)	
	承插式接口	套筒式接口
400～500	1.5	
500<Di≤1000	1.0	2.0
1000<Di≤1800	1.0	1.0
Di>1800	0.5	0.5

4. 管沟垫层与回填

（1）沟槽深度由垫层厚度、管区回填土厚度、非管区回填土厚度组成。管区回填土厚度分为主管区回填土厚度和次管区回填土厚度。管区回填土一般为素土，含水率为 17%（土用手攥成团为准）。主管区回填土应在管道安装后尽快回填，次管区回填土是在施工验收时完成，也可以一次性连续完成。

（2）工程地质条件是施工的需要，也是管道设计时需要的重要数据，必须认真勘察。为了确定开挖的土方量，需要付算回填的材料量，以便于安排运输和备料。

（3）玻璃纤维增强热固性树脂夹砂管道施工较为复杂，为使整个施工过程合理，保证施工质量，必须做好施工组织设计。其中施工排水、土石方平衡、回填料确定、夯实方案等对玻璃纤维增强热固性树脂夹砂管道的施工十分重要。

（4）作用在管道上方的荷载，会引起管道垂直直径减小，小平方向增大，即有椭圆化作用。这种作用引起的变形就是挠曲。现场负责管道安装的人员必须保证管道安装时挠曲值合格，使管道的长期挠曲值低于制造厂的推荐值。

5. 沟槽、沟底与垫层

（1）沟槽宽度主要考虑夯实机具便于操作。地下水位较高时，应先进行降水，以保证回填后，管基础不会扰动，避免造成管道承插口变形或管体折断。

（2）沟底土质要满足作填料的土质要求，不应含有岩石、卵石、软质膨胀土、不规则碎石和浸泡土。注意沟底应连续平整，用水准仪根据设计标高找平，管底不准有砖块、石头等杂物，不应超挖（除承插接头部位），并清除沟上可能掉落的、碰落的物体，以防砸坏管子。沟底夯实后做 10～15cm 厚砂垫层，采用中粗沙或碎石屑均可。为安装方便承插口下部要预挖 30cm 深操作坑。下管应采用尼龙带或麻绳双吊点吊管，将管子轻轻放入管沟，管子承口朝来水方向，管线安装方向用经纬仪控制。

（3）本条是为了方便接头正常安装，同时避免接头承受管道的重量。施工完成后，经回填和夯实，使管道在整个长度上形成连续支撑。

6. 管道支墩

（1）设置支墩的目的是有效地支撑管内水压力产生的推力。支墩应用混凝土包围管件，但管件两端连接处留在混凝土墩外，便于连接和维护。也可以用混凝土做支墩座，预埋管卡子固定管件，其目的是使管件位移后不脱离密封圈连接。固定支墩一般用于弯管、三通、变径管处。

（2）止推应力墩也称挡墩，同样是承受管内产生的推力。该墩要完全包围住管道。止推应力墩一般使用在偏心三通、侧生Y形管、Y形管、受推应力的特殊备件处。

（3）为防止闸门关闭时产生的推力传递到管道上，在闸门井壁设固定装置或采用其他形式固定闸门，这样可大大减轻对管道的推力。

（4）设支撑座可以避免管道产生不正常变形。分层浇灌可以使每层水泥有足够的时间凝固。

（5）如果管道连接处有不同程度的位移就会造成过度的弯曲应力。对刚性连接应采取以下的措施：第一，将接头浇筑在混凝土墩的出口处，这样可以使外面的第一根管段有足够的活动自由度；第二，用橡胶包裹住管道，以弱化硬性过渡点。

（6）柔性接口的管道，当纵坡大于15时，自下而上安装可防止管道下滑移动。

7. 管道连接

（1）管道的连接质量实际反映了管道系统的质量，关系到管道是否能正常工作。不论采取哪种管道连接形式，都必须保证有足够的强度和刚度，并具有一定的缓解轴向力的能力，而且要求安装方便。

（2）承插连接具有制作方便、安装速度快等优点。插口端与承口变径处留有一定空隙，是为了防止温度变化产生过大的温度应力。

（3）胶合刚性连接适用于地基比较软和地上活动荷载大的地带。

（4）当连接两个法兰时，只要一个法兰上有2条水线即可。在拧紧螺栓时应交叉循序渐进，避免一次用力过大损坏法兰。

（5）机械连接活接头有被腐蚀的缺点，所以往往做成外层有环氧树脂或塑料作保护层的钢壳、不锈钢壳、热浸镀锌钢壳。本条强调控制螺栓的扭矩，不要扭紧过度而损坏管道。

（6）机械钢接头是一种柔性连接。由于土壤对钢接头腐蚀严重，故本条提出应注意防腐。

（7）多功能连接活接头主要用于连接支管、仪表或管道中途投药等，比较灵活方便。

8. 沟槽回填与回填材料

（1）管道和沟槽回填材料构成统一的"管道—土壤系统"，沟槽的回填于安装同等重要。管道在埋设安装后，土壤的重力和活荷载在很大程度上取决于管道两侧土壤的支撑力。土壤对管壁水平运动（挠曲）的这种支撑力受土壤类型、密度和湿度影响。为了防止管道挠曲过大，必须采用加大土壤阻力，提高土壤支撑力的办法。管道浮动将破坏管道接头，造成不必要的重新安装。热变形是指由于安装时的温度与长时间裸露暴晒温度的差异而导致的变形，这将造成接头处封闭不严。

（2）回填料可以加大土壤阻力，提高土壤支撑力，所以管区的回填材料、回填埋设和夯实，对控制管道径向挠曲是非常重要的，对管道运行也是关键环节，所以必须正确进行。

（3）第一次回填由管底回填至 0.7DN 处，尤其是管底拱腰处一定要捣实；第二次回填到管区回填土厚度即 0.3DN+300mm 处，最后原土回填。

（4）分层回填夯实是为了有效地达到要求的夯实密度，使管道有足够的支撑作用。砂的夯实有一定难度，所以每层应控制在 150mm 以内。当砂质回填材料处于接近其最佳湿度时，夯实最易完成。

9. 管道系统验收与冲洗消毒

（1）冲洗消毒

冲洗是以不小于 1.0m/s 的水流速度清洗管道，经有效氯浓度不低于 20mg/L 的清洁水浸泡 24h 后冲洗，达到除掉消除细菌和有机物污染的目的，使管道投入使用后输送水质符合饮用水标准。

（2）玻璃钢管道的试压

管道安装完毕后，应按照设计规定对管道系统进行压力试验。根据试验的目的，可以分为检查管道系统机械性能的强度试验和检查管路连接情况的密封性试验。按试验时使用的介质，可分为水压试验和气压试验。

玻璃钢管道试压的一般规定：

①强度试验通常用洁净的水或设计规定用的介质，用空气或稀有气体进行密封性试验。

②各种化工工艺管道的试验介质，应按设计规定的具体规定采用。工作压力不得低于 0.07MPa 的管路一般采用水压试验，工作压力低于 0.07MPa 的管路一般要采用气压试验。

③玻璃钢管道密封性试验的试验压力，一般为管道的工作压力。

④玻璃钢管道强度试验的试验压力，一般为工作压力的 1.25 倍，但不得大于工作压力的 1.5 倍。

⑤压力试验所用的压力表和温度计必须是符合技术监督部门规定的。工作压力以下的管道进行气压试验时，可采用水银或水的 U 形玻璃压力计，但刻度必须准确。

⑥管道在试压前不得进行油漆和保温，以便对管道进行外观和渗漏检查。

⑦当压力达到试验压力时，停止加压，观察10min，压力下降不大于0.05MPa，管体和接头处无可见渗漏，然后压力降至工作压力，稳定120min，并进行外观检查，不渗漏为合格。

⑧试验过程中，如遇渗漏，不得带压修理。待缺陷消除后，应重新进行试验。

五、PE管

1. 管材

管节及管件的规格、性能应符合国家有关标准的规定和设计要求，进入施工现场时其外观质量应符合下列规定：

（1）不得有影响结构安全、使用功能及接口连接的质量缺陷；

（2）内、外壁光滑、平整，无气泡、无裂纹、无脱皮和严重的冷斑及明显的痕纹、凹陷；

（3）管节不得有异向弯曲，端口应平整；

（4）橡胶圈应符合规范规定。

2. 管道铺设应符合下列规定

（1）采用承插式（或套筒式）接口时，宜人工布管且在沟槽内连接；槽深大于3m或管外径大于400mm的管道，宜用非金属绳索兜住管节下管；严禁将管节翻滚抛入槽中。

（2）采用电熔、热熔接口时，宜在沟槽边上将管道分段连接后以弹性铺管法移入沟槽；移入沟槽时，管道表面不得有明显的划痕。

3. 管道连接

应符合下列规定。

（1）承插式柔性连接、套筒（带或套）连接、法兰连接、卡箍连接等方法采用的密封件、套筒件、法兰、紧固件等配套管件，必须由管节生产厂家配套供应；电熔连接、热熔连接应采用专用电器设备、挤出焊接设备和工具进行施工。

（2）管道连接时必须对连接部位、密封件、套筒等配件清理干净，套筒（带或套）连接、法兰连接、卡箍连接用的钢制套筒、法兰、卡箍、螺栓等金属制品应根据现场土质并参照相关标准采取防腐措施。

（3）承插式柔性接口连接宜在当日温度较高时进行，插口端不宜插到承口底部，应留出不小于10mm的伸缩空隙，插入前应在插口端外壁做出插入深度标记；插入完成后，承插口周围空隙均匀，连接的管道平直。

（4）电熔连接、热熔连接、套筒（带或套）连接、法兰连接、卡箍连接应在当日温度较低或接近最低时进行；电熔连接、热熔连接时电热设备的温度控制、时间控制，挤出焊接时对焊接设备的操作等，必须严格按接头的技术指标和设备的操作程序进行；接头处应有沿管节圆周平滑对称的外翻边，内翻边应铲平。

（5）管道与井室宜采用柔性连接，连接方式应 符合设计要求。设计无要求时，可采用承插管件连接或中介层做法。

（6）管道系统设置的弯头、三通、变径处应采用混凝土支墩或金属卡箍拉杆等技术措施。在消火栓及闸阀的底部应加垫混凝土支墩。非锁紧型承插连接管道，每根管节应有3点以上的固定措施。

（7）安装完的管道中心线及高程调整合格后，即将管底有效支撑角范围用中粗沙回填密实，不得用土或其他材料回填。

4. 管材和管件的验收

（1）管材和管件应具有质量检验部门的质量合格证，并应有明显的标志表明生产厂家和规格。包装上应标有批号、生产日期和检验代号。

（2）管材和管件的外观质量应符合下列规定：

①管材与管件的颜色应一致，无色泽不均及分解变色线。

②管材和管件的内外壁应光滑、平整，无气泡、裂口、裂纹、脱皮和严重的冷斑及明显的痕纹、凹陷。

③管材轴向不得有异向弯曲，其直线度偏差应小于1%；管材端口必须平整并垂直于管轴线。

④管件应完整，无缺损、变形，合模缝、浇口应平整，无开裂。

⑤管材在同一截面内的壁厚偏差不得超过14%；管件的壁厚不得小于相应的管材的壁厚。

⑥管材和管件的承插黏结面必须表面平整、尺寸准确。

5. 塑料管和管件的存放

（1）管材应按不同的规格分别堆放；DN25以下的管子可进行捆扎，每捆长度应一致，且重量不宜超过50kg；管件应按不同品种、规格分别装箱。

（2）搬运管材和管件时，应小心轻放，严禁剧烈撞击、与尖锐物品碰撞、抛摔滚拖；管材和管件应存放在通风良好、温度不超过40℃的库房或简易棚内，不得露天存放，距离热源1m以上。

（3）管材应水平堆放在平整的支垫物上，支垫物的宽度不应小于75mm，间距不大于1m，管子两端外悬不超过0.5m，堆放高度不得超过1.5m。管件逐层码放，不得叠置过高。

6. 安装的一般规定

（1）管道连接前，应对管材和管件及附属设备按设计要求进行核对，并应在施工现场进行外观检查，符合要求方可使用。主要检查项目包括耐压等级、外表面质量、配合质量、材质的一致性等。

（2）应根据不同的接口形式采用相应的专用加热工具，不得使用明火加热管材和管件。

（3）采用熔接方式相连的管道，宜采用同种牌号材质的管材和管件，对性能相似的必须先经过试验，合格后方可进行。

（4）在寒冷气候（-5℃以下）和大风环境条件下进行连接时，应采取保护措施或调整连接工艺。

（5）管材和管件应在施工现场放置一定的时间后再连接，以使管材和管件温度一致。

（6）管道连接时管端应洁净，每次收工时管口应临时封堵，防止杂物进入管内。

（7）管道连接后应进行外观检查，不合格的应马上返工。

7. 热熔连接

（1）热熔承插连接：将管材外表面和管件内表面同时无旋转地插入熔接器的模头中加热数秒，然后迅速撤去熔接器，把已加热的管子快速地垂直插入管件，保压、冷却的连接过程。一般用于4″以下小口径塑料管道的连接。

连接流程：检查→切管→清理接头部位及画线→加热→撤熔接器→找正→管件套入管子并校正→保压、冷却。

①检查、切管、清理接头部位及画线的要求和操作方法与UPVC管黏结类似，但要求管子外径大于管件内径，以保证熔接后形成合适的凸缘。

②加热：将管材外表面和管件内表面同时无旋转地插入熔接器的模头中（已预热到设定温度）加热数秒，加热温度为260℃，加热时间见表4—11：

表4-11 PE管热熔连接加热时间表

管材外径/mm	熔接深度/mm	热熔时间/s	接插时间/s	冷却时间/s
20	14	5	4	2
25	16	7	4	2
32	20	8	6	4
40	21	12	6	4
50	22.5	18	6	4
63	24	24	8	6
75	26	30	8	8
90	29	40	8	8
110	32.5	50	10	8

注：当操作环境温度低于0℃时，加热时间应延长1/2。

③插接：管材管件加热到规定的时间后，迅速从熔接器的模头中拔出并撤去熔接器，快速找正方向，将管件套入管端至画线位置，套入过程中若发现歪斜应及时校正。找正和校正时可利用管材上所印的线条和管件两端面上呈十字形的四条刻线作为参考。

④保压、冷却：冷却过程中，不得移动管材或管件，完全冷却后才可进行下一个接头的连接操作。

（2）热熔对接连接：是将与管轴线垂直的两根管子对应端面与加热板接触使之加热熔化，撤去加热板后，迅速将熔化端压紧，并保压至接头冷却，从而连接管子。这种连接方式无须管件，连接时必须使用对接焊机。

其连接步骤如下：装夹管子→铣削连接面→加热端面→撤加热板→对接→保压、冷却

①将待连接的两根管子分别装夹在对接焊机的两侧夹具上，管子端面应伸出夹具20～30mm，并调整两根管子使其在同一轴线上，管口错边不宜大于管壁厚度的10%。

②用专用铣刀同时铣削两端面，使其与管轴线垂直、两端连接面相吻合；铣削后用刷子、棉布等工具清除管子内外的碎屑及污物。

③当加热板的温度达到设定温度后，将加热板插入两端面间同时加热熔化两端面，加热温度和加热时间按对接工具生产厂或管材生产厂的规定，加热完毕快速撤出加热板，接着操纵对接焊机使其中一根管子移动至两端面完全接触并形成均匀凸缘，保持适当压力直到连接部位冷却到室温为止。

第五章 隧洞施工

隧洞断面结构及所穿越的地层围岩性质不同,其施工方法也不同,通常有钻爆法、TBM掘进机法和盾构法等类型。目前水利工程中隧洞多用钻爆法施工,本章主要介绍隧洞钻爆法施工技术。

隧洞施工的主要作业内容包括开挖、出渣、衬砌或支护、灌浆等。为创造良好施工环境,加快施工进度,应妥善解决好以下辅助作业内容:通风、散烟、除尘、风水、电供应以及排水。

第一节 隧洞施工方案的确定

平洞施工方案就是施工方法、施工程序和施工组织统一协调的综合。平洞施工程序和方法的选择主要取决于地质条件、断面尺寸、平洞轴线长短以及施工机械化水平等因素,同时要处理好平洞开挖与临时支撑、平洞开挖与衬砌(或支护)的关系,以使各项工作能在相对狭小的工作面上有条不紊地协调进行。

一、平洞施工工作面的确定

一般情况下,平洞开挖至少有进口、出口两个工作面,如果洞线较长,工期紧迫,则应考虑开挖施工支洞或竖井等来增加工作面。

在确定工作面的数目和位置时,还应结合平洞沿线的地形地质条件、洞内外运输道路和施工场地布置、支洞或竖井的工程量和造价,通过技术经济比较来选择。

二、隧洞开挖方法

由奥地利学者L.腊布兹维奇教授命名的新奥地利隧道施工法(NATM,简称新奥法)正式出台。它是以控制爆破或机械开挖为主要掘进手段,以锚杆、喷射混凝土为主要支护方法,是理论、量测和经验相结合的一种施工方法。其核心是及时支护,充分利用围岩的自稳能力提高围岩与支护的共同作用。

应用新奥法施工必须遵循以下几点基本原则。

（1）围岩是隧洞的主要承载单元，要在施工中充分保护和爱护围岩。（2）容许围岩有可控制的变形，充分发挥围岩的结构作用。（3）变形的控制主要是通过支护阻力（即各种支护结构）的效应达到。（4）在施工中，必须进行实地量测监控，及时提出可靠的、足够数量的量测信息，指导施工和设计。（5）在选择支护手段时，一般应选择能大面积牢固地与围岩紧密接触，能及时施设且应变能力强的支护手段。（6）要特别注意，隧洞施工过程是围岩力学状态不断变化的过程。（7）在任何情况下，使隧洞断面能在较短时间内闭合是极为重要的。在岩石隧洞中，因围岩的结构作用，开挖面能够"自封闭"。而在软弱围岩中，则必须改变"重视上部、忽视底部"的观点，应尽量采用能先修筑仰拱（或临时仰拱）或底板的施工方法，使断面及早封闭。（8）在隧洞施工过程中，必须建立设计—施工检验—地质预测—量测反馈—修正设计—体化施工管理系统，以不断提高和完善隧洞施工技术。

以上隧洞施工的基本原则可扼要地概括为"少扰动、早喷锚、勤量测、紧封闭"。

隧洞开挖方法实际上是指开挖成形的方法，按开挖隧洞的横断面分部情况来分，开挖方法可分为全断面开挖法、断面分部法（台阶开挖法、导洞开挖法）。

（一）全断面开挖法

全断面开挖法是按设计开挖断面一次开挖成形。

全断面法适用于断面较小、围岩坚固稳定（$f \geqslant 8 \sim 10$）、洞径小于 10m，配有充足的大型开挖衬砌设备的平洞开挖。一般情况下，循环进尺可采用以下数值：

（1）在Ⅰ～Ⅲ类围岩中，用手风钻造孔时循环进尺宜为 2.0～4.0m；用液压钻或多臂钻造孔时循环进尺宜为 3.0～5.0m；（2）在Ⅳ类围岩中循环进尺宜为 1.0～2.0m；（3）在Ⅴ类围岩中，循环进尺宜为 0.5～1.0m。

循环进尺应根据监测结果进行调整。

（二）台阶开挖法

台阶开挖法一般是将设计断面分成上、下断面（或上、中、下断面）分次开挖成型的开挖方法；有正台阶法和反台阶法。洞径或洞高在 10m 以上应采用台阶法开挖。

1. 正台阶法

在大断面平洞施工中应用较为普遍，其上层开挖高度一般为 6～8m。

2. 反台阶法

用于在稳定性较好的岩层中施工，将整个隧洞断面分成几层，在底层先开挖较宽的下导坑，再由下向上分部扩大开挖，进行上层钻眼时需设立工作平台或采用漏渣棚架，后者可供装渣之用。

（三）导洞开挖法

先开挖断面的一部分作为导洞，再逐次扩大开挖隧洞的整个断面，用于隧洞断面较大、地质条件或施工条件采用全断面开挖有困难的情况。导洞断面不宜过大，以能适应装渣机械装渣、出渣车辆运输、风水管路安装和施工安全为度。导洞可增加开挖爆破时的自由面，有利于探明隧洞的地质和水文地质情况，并为洞内通风和排水创造条件。导洞开挖后，扩挖可以在导洞全长挖完之后进行，也可以和导洞开挖平行作业。

根据地质条件、地下水情况、隧洞长度和施工条件，确定采用下导洞、上导洞或上下导洞：围岩较稳定时可采用下导洞法；围岩稳定性差时多采用上导洞法或上下导洞法；隧洞断面大、地下水丰富时多采用上下导洞法。

第二节　隧洞钻爆法施工

钻孔爆破法一直是地下建筑岩体开挖的主要施工方法，根据钻爆设计图进行钻孔施工，其主要工序有测量放线布孔、钻孔、清孔装药、连接网络、起爆、通风排烟、危石处理、清渣、支护。

一、炮孔布置

炮孔布置首先应确定施工开挖线，然后进行炮孔布置，隧洞爆破通常将开挖断面上的炮孔分区布置、分区顺序起爆，逐步扩大完成一次爆破开挖。

（一）掏槽孔布置

掏槽孔的作用是将开挖面上某一部位的岩石掏出一个槽，以形成新的临空面，为其余炮孔的爆破创造有利条件。掏槽炮孔一般要比其他的孔深 10～20cm，布置在开挖断面的中下部，加密布孔和装药，在整个断面上最先起爆。

根据开挖断面大小、围岩类别、钻孔机具等因素，掏槽孔排列形式有很多种，总的可分成斜孔掏槽和直孔掏槽两大类。

斜孔掏槽的优点是可以按岩层的实际情况选择掏槽方式和掏槽角度，容易把岩石抛出，而且所需掏槽孔数较少，掏槽体积大，易将岩石抛出，有利于其他炮眼的爆破；缺点是孔深受坑道断面尺寸的限制，不便于多台钻机同时凿岩。

直孔掏槽的优点是凿岩作业比较方便，不需随循环进尺的改变而变化掏槽形式，仅需改变炮孔深度；直孔掏槽石渣抛掷距离也可缩短，所以目前现场多采用直孔掏槽。直孔掏槽的缺点是炮孔数目和单位用药量较多，炮孔位置和钻孔方向也要求高度准确，才能保证良好的掏槽效果，技术比较复杂。

（二）辅助孔的布置

辅助孔（又称崩落孔）的作用是进一步扩大掏槽体积和增大爆破量，并为周边孔创造有利的爆破条件。其布置主要是解决炮孔间距 E 和最小抵抗线 W 问题，这可以由工地经验决定。一般取 E/W=60%～80% 为宜。辅助眼应由内向外逐层布置，逐层起爆，逐步接近开挖断面轮廓形状。

（三）光爆孔布置

光爆孔（又称周边孔）的作用是爆破后使坑道断面达到设计的形状和规格，周边孔原则上沿着设计轮廓均匀布置，间距和最小抵抗线应比辅助孔小，以便爆破出较为平顺的轮廓。孔底应根据岩石的抗爆破性来确定其位置，应将炮孔方向以 3%～5% 的斜率外插，这一个方面是为了控制超欠挖，另一个方面是为了下次钻孔时容易落钻开孔。一般对松软岩层，孔底应落在设计轮廓线上；对中硬岩及硬岩，孔底应落在设计轮廓线以外 10～15cm。此外，为保证开挖面平整，辅助孔及周边孔的深度应使其孔底落在同一垂直面上，必要时应根据实际情况调整炮眼深度。

周边孔的爆破，在很大程度上影响着开挖轮廓的质量和对围岩的扰动破坏程度，可采用光面爆破或预裂爆破技术。特别当岩质较软或较易破碎时，应加强开挖轮廓面钻爆施工。开挖施工前应进行爆破参数的试验。

二、钻孔

隧洞工程中常使用的凿岩机有风动凿岩机和液压凿岩机。另外，还有电动凿岩机和内燃凿岩机，但较少采用。

钻头直接连接在钻杆前端（整体式）或套装在钻杆前端（组合式），钻杆尾则套装在凿岩机的机头上，钻头前端则镶入硬质高强耐磨合金钢凿刃。凿刃起着直接破碎岩石的作用，它的形状、结构、材质、加工工艺是否合理都直接影响凿岩效率和其本身的磨损。

常用钻头的钻孔直径有 38mm、40mm、42mm、45mm、48mm 等，用于钻中空孔眼的钻头直径可达 102mm，甚至更大。超过 50mm 的钻孔施工时，则需要配备相应型号和钻孔能力的钻机施工。钻头和钻杆均有射水孔，压力水即通过此孔清洗岩粉。

孔深根据断面大小、钻孔机具性能和循环进尺要求等因素确定；钻孔角度按炮孔类型进行设计，同类钻孔角度应一致，钻孔方向按平行或收放等形式确定。

三、清孔装药

首先要对炮孔参数进行检查验收，测量炮孔位置、炮孔深度是否符合设计要求；然后对钻好的炮孔进行清渣和排水，可用长柄掏勺掏出孔内留有的岩渣，再用布条缠在掏勺上，将孔内的存水吸干，或将压气管通入孔底，利用压气将孔内的岩渣和水分吹出。

待准备工作完毕并确认炮孔合格后，即可进行装药工作。装药时一定要严格按照预先计算好的每个炮眼装药量装填。总的装药长度不宜超过眼深 2/3。用木制炮棍压紧，以增加炮眼的装药密度。在有水或潮湿的炮孔中，应采取防水措施或改用防水炸药。

当采用导爆索起爆时，应该用胶布将导爆索与每个药卷紧密贴合，这样才能充分发挥导爆索的引爆作用。

四、堵塞

常用的堵塞材料有砂子、黏土、岩粉等，小直径炮孔则常用炮泥堵塞。炮泥是用砂子和黏土混合配制而成的，其质量比为 3∶1，再加上 20% 的水混合均匀后再揉成直径稍小于炮眼的炮泥段。堵塞时将炮泥段送入炮眼，用炮棍适当加压捣实。炮孔堵塞长度可以是全部堵塞，也可以是部分堵塞，堵塞一般不能小于最小抵抗线；堵塞应是连续的，中间不能间断。

五、起爆

起爆前，应由专人检查包括装药、核对起爆炮孔数、起爆网络，确认无误后方可实施起爆。

爆破指导人员要确认周围安全警戒工作是否完成，并发布放炮信号后，方可发起爆命令，警戒人员应在规定警戒点进行警戒，在未确认撤除警戒前不应该擅离职守；起爆后，确认炮孔全部起爆，经检查后方可发出解除警戒信号，撤除警戒人，如发现盲炮，要采取安全防范措施后，才能解除警戒信号。

六、通风、散烟

起爆后即可进行通风、散烟，待散烟结束作业人员方可进行洞内作业。

七、安全检查与处理

在通风散烟后，应检查隧洞周围特别是拱顶是否有粘连在围岩母体上的危石。对这些危石以前常采用长撬棍处理，但不安全，若条件许可时，可以采用轻型的长臂挖掘机进行危石的安全处理。

特大断面洞室和地下洞室群，在施工过程中应开展爆破效果的监测。爆破监测采用宏观调查与仪器监测相结合的方法进行，爆破监测的主要内容应根据工程规模和安全要求确定，其主要内容为：

（1）检测岩体松动范围；（2）监测爆破对邻洞、高边墙、岩壁吊车梁的振动影响；（3）爆破区附近的岩体变化情况。

八、初期支护

当围岩质量或自稳性较差时,为预防塌方或松动掉块发生安全事故,必须对暴露围岩进行临时的支撑或支护。

临时支撑的形式很多,有木支撑、钢支撑、钢筋混凝土支撑、喷混凝土和锚杆支撑。可根据地质条件、材料来源及安全、经济等要求来选择。

九、出渣运输

出渣运输是隧道开挖中费力费时的工作,所花时间占循环时间的 1/3～1/2。它是控制掘进速度的关键工序,在大断面洞室中尤其如此。因此,必须制定切实可行的施工组织措施,规划好洞内外运输线路和弃渣场地,通过计算选择配套的运输设备,拟定装渣运输设备的调度运输方式和安全运行措施。

第三节 锚喷支护

喷锚支护是喷混凝土支护、锚杆支护、喷混凝土锚杆支护、喷混凝土锚杆钢筋网支护和喷混凝土锚杆钢拱架支护等不同支护形式的统称。喷锚支护是地下工程施工中对围岩进行保护与加固的主要新型技术措施,也是新奥法的主要支护措施。

新奥法施工中,锚喷支护一般分两期进行:①初期支护,在洞室开挖后,适时采用薄层的喷混凝土支护,建立起一个柔性的"外层支护",必要时可加锚杆或钢筋网、钢拱架等措施,同时通过测量手段,随时掌握围岩的变形与应力情况,初期支护是保证施工早期洞室安全稳定的关键;②二期支护,待初期支护后且围岩变形达到基本稳定时,进行二期支护,如复喷混凝土、锚杆加密,也可采用模注混凝土,进一步提高其耐久性、防水性、安全系数及表面平整度等。

一、围岩破坏形式与锚喷类型选择

由于围岩条件复杂多变,其变形、破坏的形式与过程多有不同,各类支护措施及其作用特点也就不相同。在实际工程中,尽管围岩的破坏形态很多,但总体上,围岩破坏表现为局部性破坏和整体性破坏两大类。

(一)局部性破坏

局部性破坏的表现形式包括开裂、错动、崩塌等,多发生在受到地质结构面切割的坚硬岩体中。

对局部性破坏，喷锚类型通常采用锚杆支护，有时根据需要加喷混凝土支护。而喷混凝土支护，其作用则表现在：①填平凹凸不平的壁面，以避免过大的局部应力集中；②封闭岩面，以防止岩体的风化；③堵塞岩体结构面的渗水通道、胶结已松动的岩块，以提高岩层的整体性；④提供一定的抗剪力。

（二）整体性破坏

整体性破坏也称强度破坏，是大范围内岩体应力超限所引起的一种破坏现象，表现为大范围塌落、边墙挤出、底鼓、断面大幅度缩小等破坏形式。

对整体性破坏，常采用复式喷混凝土与系统锚杆支护相结合的方法，即喷混凝土锚杆钢筋网支护和喷混凝土、锚杆钢拱架支护等不同支护型式联合使用，这样不仅能够加固围岩，而且可以调整围岩的受力分布。

二、锚杆支护

锚杆是用金属（主要是钢材）或其他高抗拉性能材料制作的杆状构件，配合使用某些机械装置、胶凝介质，按一定施工工艺，将其锚固于地下洞室围岩的钻孔中，起到加固围岩、承受荷载、阻止围岩变形的目的。

在工程中，按锚杆与围岩的锚固方式，基本上可分为集中锚固和全长锚固两类。

楔缝式锚杆和胀壳式锚杆属于集中锚固，它们是由锚杆端部的楔瓣或胀圈扩开以后所提供的嵌固力而起到锚固作用的。

全长锚固的锚杆有砂浆锚杆和树脂锚杆等，它们是由水泥砂浆或树脂在杆体和锚孔间轴提供的摩擦力和黏结力作用实现锚固的。全长锚固的锚杆由于锚固可靠耐久（这在松软岩体中效果尤为显著），工程建设中使用较多，其中由水泥砂浆胶结的螺纹钢筋锚杆施工简便、经济可靠，使用更为普遍。

根据围岩变形与破坏的特性，从发挥锚杆不同作用考虑，锚杆在洞室的布置有局部（随机）锚杆和系统锚杆。

主要用来加固危石，防止掉块。锚杆参数按悬吊理论计算。悬吊理论认为不稳定岩体的重量（或滑动力）应全部由锚杆承担。

系统锚杆一般按梅花形排列，连续锚固在洞壁内。它们将被结构面切割的岩块串联起来，保持与加强岩块的连锁、咬合和嵌固效应，使分割的围岩组成一体，形成一个连续加固拱，提高围岩的承载能力。

系统锚杆不一定要锚入稳定岩层。当围岩破碎时，用短而密的系统锚杆，同样可取得较好的锚固效果。

锚杆施工应按施工工艺严格控制各工序的施工质量。水泥砂浆锚杆的施工，可以先压注砂浆后安设锚杆，也可以先安设锚杆后压注砂浆。其施工程序主要包括钻孔、钻孔清洗、压注砂浆和安设锚杆等。

三、喷混凝土施工

喷混凝土是将水泥、砂、石和外加剂（速凝剂）等材料，按一定配比拌和后装入喷射机中，用压缩空气将拌和料压送到喷头处，与水混合后高速喷到作业面上，快速凝固在被支护的洞室壁面，形成一种薄层支护结构。

（一）喷混凝土材料

喷混凝土的原材料与普通混凝土基本相同，但在技术要求上有一些差别。

1. 水泥

喷混凝土的水泥以选用普通硅酸盐水泥为好，强度等级应不低于 32.5MPa，以使喷射混凝土在速凝剂的作用下早期强度增长快，干硬收缩小，保水性能好。

2. 砂子

一般采用坚硬洁净的中、粗沙，砂的细度模数宜为 2.5～3.0，含水率宜为 5%～7%。砂子过粗，容易产生回弹；过细，不仅会增加水泥用量，而且会增加混凝土的收缩，降低混凝土的强度，砂子的含水率对喷射工艺有很大影响。含水率过低，拌和料在管中容易分离，造成堵管，喷射时粉尘较大；含水率过高，集料有可能发生胶结。工程实践证明中砂或中粗沙的含水率以 4%～6% 为宜。

3. 石料

碎石、卵石都可以用作喷混凝土的粗骨料。石料粒径为 5～20mm，其中大于 15mm 的颗粒宜控制在 20% 以下，以减少回弹，保证输料管路的畅通。石料使用前应经过筛洗。

4. 水

喷混凝土用水与一般混凝土对水的要求相同。地下洞室中的混浊水和一切含酸、碱的侵蚀水不能使用。

5. 速凝剂

为加快喷混凝土凝结硬化过程，提高早期强度，增加一次喷射的厚度，提高喷混凝土在潮湿含水地段的适应能力，需在喷混凝土中掺和速凝剂。速凝剂应符合国家标准，其初凝时间不大于 5min，终凝时间不大于 10min。

（二）主要施工工艺

喷混凝土主要有干喷、湿喷及裹砂法 3 种工艺。

1. 干喷法

将水泥、砂、石和速凝剂加微量水干拌后,用压缩空气输送到喷嘴处,再与适量水混合,喷射到岩石表面;也可以将干混合料压送到喷嘴处,再加液体速凝剂和水进行喷射。这种施工方法,便于调节加水量,控制水灰比,但喷射时粉尘较大。

2. 湿喷法

将集料和水拌匀后送到喷嘴处,再添加液体速凝剂,并用压缩空气补给能量进行喷射。湿喷法主要改善了喷射时粉尘较大的缺点。

3. 裹砂法

为了进一步改善喷混凝土的施工工艺,控制喷射粉尘,在工程实践中还研究出如水泥裹砂法(SEC法)、双裹并列法和潮料掺浆法等喷混凝土新工艺。

(三)施工技术要求

为了保证喷混凝土的质量,必须严格控制有关的施工参数,注意以下施工技术要求。

1. 风压

正常作业时喷射机工作室内的风压一般为 0.2MPa,风压过大,喷射速度高,混凝土回弹量大,粉尘多,水泥耗量大;风压过小,则混凝土不密实。

2. 水压

喷头处的水压必须大于该处风压,并要求水压稳定,保证喷射水具有较强的穿透集料的能力。水压不足时,可设专用水箱,用压缩空气加压,以保证集料能充分湿润。

3. 喷射方向和喷射距离

喷头与受喷面应尽量垂直,偏角宜控制在20°以内,利用喷射料束抑阻集料的回弹,以减少回弹量。喷头与受喷面的距离,与风压和喷射速度有关。据试验,当喷射距离为1m左右时,在提高喷射质量、减少集料回弹等个方面效果比较理想。

4. 喷射区段和喷射顺序

喷射作业应分区段进行,区段长度一般为 4~6m。喷射时,通常先墙后拱,自下而上,先凹后凸,按顺序进行,以防溅落的灰浆黏附于未喷岩面,影响喷混凝土的黏结强度。

5. 喷射分层和间歇时间

当喷混凝土设计厚度大于10cm时,一般应分层喷射。一次喷射的厚度,边墙控制在

6～10cm，顶拱3～6cm，局部超挖处可稍厚2～3cm，掺速凝剂时可厚些，不掺时应薄些。一次喷射太厚，容易因自重而引起分层脱落或与岩面脱开；一次喷射太薄，若喷射厚度小于最大骨料粒径，则回弹率又会迅速提高。

分层喷射时，后一层喷射应在前一层混凝土终凝后进行，但也不宜间隔过久，若终凝1～2h后再进行喷射，应用清水清洗混凝土表面，以利层间结合。

当喷混凝土紧跟开挖面进行时，从混凝土喷完到下一次循环放炮的时间间隔，一般不小于4h，以保证喷混凝土强度有一定增长，避免引起爆破震动裂缝。

6.喷混凝土的养护

喷混凝土单位体积的水泥用量比较大，凝结硬化快，为使混凝土强度均匀增长，减少或防止不正常的收缩，必须加强养护。一般喷完后2～4h开始洒水养护，并保持混凝土的湿润状态，养护时间不少于14d。

第四节　隧洞衬砌施工

隧洞混凝土、钢筋混凝土衬砌的施工，有现浇、预填骨料压浆和预制安装等方法。

现浇衬砌施工，与一般混凝土及钢筋混凝土施工基本相同，但由于地下洞室空间狭窄，工作面小，而且作业方式和组织形式有其自身特点。

一、平洞衬砌的分缝分块及浇筑顺序

平洞的衬砌，在纵向通常要分段进行浇筑，当结构上设有永久伸缩缝时，可以利用永久缝分段；当永久缝间距过大或无永久缝时，则应设施工缝分段。分段长度一般为4～18m，视平洞断面大小、围岩约束特性以及施工浇筑能力等因素而定。

分段浇筑的方式有：①跳仓浇筑；②分段流水浇筑；③分段预留空当浇筑等。当地质条件较差时，采用肋拱肋墙法施工，这是一种开挖与衬砌交替进行的跳仓浇筑法。对无压平洞，结构上按允许开裂设计，也可采用滑动模板连续施工方法进行浇筑，以加快衬砌施工，但施工工艺必须严格控制。

衬砌施工在横断面上也常分块进行。一般分成底拱（底板）、边拱（边墙）和顶拱3块。横断面上浇筑的顺序，正常情况是先底拱（底板）、后边拱（边墙）和顶拱，其中边拱（边墙）和顶拱可以连续浇筑，也可以分块浇筑，视模板型式和浇筑能力而定。在地质条件较差时，可以先浇筑顶拱，再浇筑边拱（边墙）和底拱（底板）；有时为了满足开挖与衬砌平行作业的要求，隧洞底板还未清理成形以前先浇好边拱（边墙）和顶拱，最后浇筑底拱（底板）。

后两种浇筑顺序，由于在浇筑顶拱、边拱（边墙）时，混凝土体下方无支托，应注意防止衬砌的下移和变形,并做好分块接头处反缝的处理,必要时反缝要进行灌浆。

二、平洞衬砌模板

平洞衬砌模板的型式依隧洞洞型、断面尺寸、施工方法和浇筑部位等因素而定。

对底拱而言,当中心角较小时,可以像底板浇筑那样,不用表面模板,只立端部挡板,混凝土浇筑后用型板将混凝土表面刮成弧形即可。当中心角较大时,一般采用悬挂式弧形模板。目前,使用牵引式拖模连续浇筑或底拱模板台车分段浇筑底拱也获得了广泛应用。

浇筑边拱(边墙)、顶拱时,常用桁架式或钢模台车。

桁架式模板由桁架和面板组成。在洞外先将桁架拼装好,运入洞内就位后,再随着混凝土浇筑面的上升逐次安设模板。

钢模台车是一种可移动的多功能隧洞衬砌模板车。根据需要,它可作顶拱钢模、边拱墙钢模以及全断面模板使用。

圆形隧洞衬砌的全断面一次浇筑,可用针梁式钢模台车。其施工特点是不需要铺设轨道,模板的支撑、收缩和移动都依靠着一个伸出的针梁。

模板台车使用灵活,周转快,重复使用次数多。用台车进行钢模的安装、运输和拆卸,一部台车可配几套钢模板进行流水作业,施工效率高。

三、衬砌的浇筑

隧洞衬砌多采用二级配混凝土。对中小型隧洞,混凝土一般采用斗车或轨式混凝土搅拌运输车,由电瓶车牵引运至浇筑部位;对大中型隧洞,则多采用 $3\sim 6m^3$ 的轮式混凝土搅拌运输车运输。在浇筑部位,通常用混凝土泵将混凝土压送并浇入仓内。常用的混凝土泵有柱塞式、风动式和挤压式等工作方式。它们均能适应洞内狭窄的施工条件,完成混凝土的运输和浇筑,能够保证混凝土的质量。

泵送混凝土的配合比,应保证有良好的和易性和流动性,其坍落度一般为 $8\sim 16cm$。

混凝土浇捣因衬砌洞壁厚度与采用的模板形式不同而不同,当洞壁厚度较大时,作业人员可以进入仓内用振捣棒进行振捣,当洞壁较薄,人不能进入仓内时,可在模板不同位置留进料窗口,并由此窗口插入振捣器进行振捣。如果是台车,也可以在台车上安装附着式振捣器进行振捣。由窗口插入振捣器振捣时,随着浇筑混凝土面的抬升可封堵窗口再由上层窗口进料和振捣。

四、衬砌的封拱

平洞的衬砌封拱是指顶拱混凝土即将浇筑完毕前,将拱顶范围内未充满混凝土的空隙和预留的进出口窗口进行浇筑、封堵填实的过程。封拱工作对保证衬砌体与围岩紧密接触,形成完整的拱圈是非常重要的。

封拱方法多采用封拱盒法和混凝土泵封拱。在封拱前，先在拱顶预留一小窗口，尽量把能浇筑的四周部分浇好，然后从窗口退出人和机具，并在窗口四周立侧模，待混凝土达到规定强度后，将侧模拆除，凿毛之后安装封拱盒。封堵时，先将混凝土料从盒侧活门送入，再用千斤顶顶起活动封门板，将盒内混凝土压入待封部位即告完成。

混凝土泵封拱，通常在导管的末端接上冲天尾管，垂直穿过模板伸入仓内。冲天尾管的位置应根据浇筑段长度和混凝土扩散半径来确定，其间距一般为4～6m，离浇筑段端部约1.5m。尾管出口与岩面的距离，原则上是越贴近越好，但应保证压出的混凝土能自由扩散，一般为20cm左右。封拱时应在仓内岩面最高的地方设置排气管，在仓的中央部位设置进入孔，以便进入仓内进行必要的辅助工作。

混凝土泵封拱的施工程序是：①当混凝土浇至顶拱舱面时，撤出仓内各种器材，尽量筑高两端混凝土；②当混凝土达到与进入孔齐平时，仓内人员全部撤离，封闭进入孔，同时增大混凝土的塌落度（达14～16cm），加快混凝土泵的压送速度，连续压送混凝土；③当排气管开始漏浆或压入的混凝土量已超过预计方量时，停止压送混凝土；④去掉尾管上包住预留孔眼的铁箍，从孔眼中插入防止混凝土塌落的钢筋；⑤拆除导管；⑥待顶拱混凝土凝固后，将外伸的尾管割除，并用灰浆抹平。

五、压浆混凝土施工

压浆混凝土又称预填骨料压浆混凝土，它是将组成混凝土的粗骨料预先填入立好的板中，振捣密实后，再利用灌浆泵把水泥砂浆压入，凝固而成结石。这种施工方法适用钢筋密布、预埋件复杂、不容易浇筑和捣固的部位。洞室衬砌封拱或钢板衬砌回填混凝土时，用这种方法施工，可以明显减轻仓内作业的工作强度和干扰。

六、隧洞灌浆

隧洞灌浆有回填灌浆和固结灌浆两种。前者是填塞岩石与衬砌之间的空隙，以弥补混凝土浇筑质量的不足，所以只限于顶拱范围内；后者是为了加固围岩，以提高围岩的整体性和强度，所以范围包括断面四周的围岩。为了节省钻孔工作量，两种灌浆都需要在衬砌时预留直径为38～50mm的灌浆钢管并固定在模板上。

灌浆必须在衬砌混凝土达到一定强度后才能进行，并先进行回填灌浆，隔一个星期后再进行固结灌浆。灌浆时应先用压缩空气清孔，然后用压力水冲洗。灌浆在断面上应自下而上进行，并利用上部管孔排气，在洞轴线方向采用隔排灌注、逐步加密的方法。

为了保证灌浆质量和防止衬砌结构的破坏，必须严格控制灌浆压力。回填灌浆压力为：无压隧洞第一序孔用100～304kPa，有压隧洞第一序孔用200～405kPa；第二序孔可增大1.5～2倍。固结灌浆的压力应比回填灌浆的压力高一些，以使岩石裂缝灌注密实。

第六章　渠系建筑物施工

第一节　渠道施工

渠道施工包括渠道开挖、渠堤填筑和渠道衬砌。渠道施工的特点是工程量大，施工路线长，场地分散，但工种单一，技术要求较低。

一、渠道开挖

渠道开挖的施工方法有人工开挖、机械开挖和爆破开挖等。选择开挖方法取决于技术条件、土壤种类、渠道纵横断面尺寸、地下水位等因素。渠道开挖的土方多堆在渠道两侧用作渠堤。因此，铲运机、推土机等机械在渠道施工中得到广泛应用。对冻土及岩石渠道，宜采用爆破开挖。田间渠道断面尺寸很小，可采用开沟机开挖或人工开挖。

（一）人工开挖

1. 施工排水

受地下水影响时，渠道开挖的关键是排水问题。排水应本着上游照顾下游，下游服从上游的原则，即向下游放水时间和流量，应考虑下游排水条件，下游应服从上游的需要。

2. 开挖方法

在干地上开挖渠道应自中心向外，分层下挖，先深后宽，边坡处可按边坡比挖成台阶状，待挖至设计深度时，再进行削坡，注意挖填平衡。必须弃土时，做到远挖近倒、近挖远倒、先平后高。受地下水影响的渠道应设排水沟，开挖方式有一次到底法和分层下挖法。一次到底法，适用于土质较好，挖深2～3m的渠道。开挖时，先将排水沟挖到低于渠底设计高程0.5m处，然后采用阶梯法逐层向下开挖，直至渠底为止。分层下挖法适用于土质不好且挖深较大的渠道，开挖时，将排水沟布置在渠道中部，逐层先挖排水沟，再挖渠道，直至挖到渠底为止。如果渠道较宽，可采用翻滚排水沟，这种方法的优点是排水沟分层开挖、排水沟的断面较小，土方最少，施工较安全。

3. 边坡开挖与削坡

开挖渠道如一次开挖成坡，将影响开挖进度。因此，一般先按设计坡度要求挖成台阶状，其高宽比按设计坡度要求开挖，最后进行削坡，这样施工削坡方量较少，但施工时必须严格掌握，台阶平台应水平，高必须与平台垂直，否则会产生较大误差，增加削坡方量。

（二）机械开挖

1. 推土机开挖渠道

采用推土机开挖渠道，其挖深不宜超过 1.5～2.0m，填筑堤顶高度不超过 2～3m，其坡度不宜陡于 1∶2。在渠道施工中，推土机还可平整渠底，清除植土层，修整边坡，压实渠堤等。

2. 铲运机开挖渠道

半挖半填渠道或全挖方渠道就近弃土时，采用铲运机开挖最为有利。需要在纵向调配土方渠道，如运距不远也可用铲运机开挖。铲运机开挖渠道的开行方式有环形开行和"8"字形开行。当渠道开挖宽度大于铲土长度，而填土或弃土宽度又大于卸土长度，可采用横向环形开行。反之，则采用纵向环形开行，铲土和填土位置可逐渐错动，以完成所需断面。当工作前线较长，填挖高差较大时，则应采用"8"字形开行。

3. 爆破开挖渠道

采用爆破法开挖渠道时，药包可根据开挖断面的大小沿渠线布置成一排或几排。当渠底宽度比深度大 2 倍以上时，应布置 2～3 排以上的药包，但最多不宜超过 5 排，以免爆破后掉落土方过多。当布置 1～2 排药包时，药包的爆破作用指数 n 可采用 1.75～2.0，当布置 3 排药包时，药包应布置成梅花形，中间一排药包的装药量应比两侧的大 25% 左右，且采用延时爆破以提高爆破和抛掷效果。

二、填筑渠堤

筑堤用的土黏料以黏土略含砂质为宜，如有几种土料，应将透水性小的土料填筑在迎水坡，透水性大的土料填筑在背水坡。土料中不得掺有杂质，并保持一定的含水量，以利压实。

填方渠道的取土坑与堤脚应保持一定距离，挖土深度不宜超过 2m，取土宜先远后近。半挖半填式渠道应尽量利用挖方筑堤，只有在土料不足或土质不适用时取用坑土。

铺土前应先行清基，并将基面略加平整，然后进行刨毛，铺土厚度一般为

20~30cm，并应铺平铺匀，每层铺土的宽度略大于设计宽度，填筑高度可预加5%的沉陷量。

三、渠道衬砌

渠道衬砌的类型有灰土、砌石或砖、混凝土、沥青材料及塑料薄膜等。选择衬砌类型的好处是防渗效果好，因地制宜，就地取材，施工简单，能提高渠道输水能力和抗冲能力，减少渠道断面尺寸，造价低廉，有一定的耐久性，便于管理养护，维修费用低等。

（一）砌石衬砌

砌石衬砌具有就地取材、施工简单、抗冲、防渗、耐久等优点。石料有卵石、块石、石板等，砌筑方法有干砌和浆砌两种。

在沙砾地区，采用干砌卵石衬砌是一种经济的抗冲防渗措施，施工时应先按设计要求铺设垫层，然后再砌卵石，砌卵石的基本要求是使卵石的长边垂直于边坡或渠底，并砌紧砌平，错缝，坐落在垫层上。每隔10~20m用较大的卵石干砌或浆砌一道隔墙。渠坡隔墙可砌成平直形，渠底隔墙砌成拱形，其拱顶迎向水流方向，以加强抗冲能力，隔墙深度可根据渠道可能冲刷深度确定。卵石衬砌应按先渠底后渠坡的顺序铺砌卵石。

块石衬砌时，石料的规格一般以长40~50cm、宽30~40cm、厚度不小于8~10cm为宜，要求有一面平整。干砌勾缝的护面防渗效果较差，防渗要求较高时，可以采用浆砌块石。

砖砌护面也是一种因地制宜、就地取材的防渗衬砌措施，其优点是造价低廉、取材方便、施工简单、防渗效果较好，砖衬砌层的厚度可采用一砖平砌或一砖立砌。

（二）混凝土衬砌

混凝土衬砌一般采用板形结构，其截面形式有矩形、楔形、肋形、槽形等。矩形板适用于无冻胀地区的渠道，楔形板和肋形板适用于有冻胀地区的渠道；槽形板用于小型渠道的预制安装。大型渠道多采用现场浇筑。现场整体浇筑的小型渠槽具有水力性能好、断面小、占地少、整体稳定性好等优点。

混凝土衬砌的厚度与施工方法、气候、混凝土强度等级等因素有关。现场浇筑的衬砌层比预制安装的厚度稍大。预制混凝土板的厚度在有冻胀破坏地区一般为5~10cm，在无冻胀地区可采用4~8cm。

（三）沥青材料衬砌

由于沥青材料具有良好的不透水性，一般可减少90%以上的渗漏量。沥青材料渠道衬砌有沥青薄膜与沥青混凝土两类。沥青薄膜防渗施工可分为现场浇筑和装配式两种，现场浇筑又分为喷洒沥青和沥青砂浆等。沥青混凝土衬砌分现场浇筑和预制安装两种。

（四）塑料薄膜衬护

采用塑料薄膜进行渠道防渗，具有效果好、适应性强、重量轻、运输方便、施工速度快和造价较低等优点。用于渠道防渗的塑料薄膜厚度以 0.12～0.20mm 为宜。塑料薄膜的铺设方式有表面式和埋藏式两种。表面式是将塑料薄膜铺于渠床表面，这种方式的缺点是薄膜容易老化和遭受破坏。埋藏式是在铺好的塑料薄膜上铺筑土料或砌石作为保护层。由于塑料表面光滑，为保证渠道断面的稳定，避免发生渠坡保护层滑塌，渠床边坡宜采用锯齿形。保护层厚度一般不小于 30cm。

塑料薄膜衬护渠道大致可分为渠床开挖和修整、塑料薄膜的加工和铺设、保护层的填筑等 3 个施工过程。薄膜铺设前，应在渠床表面加水湿润，以保证薄膜能紧密地贴在基土上。铺设时，将成卷的薄膜横放在渠床内，一端与已铺好的薄膜进行焊接或搭接，并在接缝处填土压实，然后即可将薄膜展开铺设，然后再填筑保护层。铺填保护层时，渠底部分应从一端向另一端进行，渠坡部分则应自下而上逐渐推进，以排除薄膜下的空气。保护层分段填筑完毕后，再将塑料薄膜的边缘固定在顺渠顶开挖的堑壕里，并用土回填压紧。

塑料薄膜的接缝可采用焊接或搭接。焊接有单层热合与双层热合两种。搭接时为减少接缝漏水，上游一块塑料薄膜应搭在下游一块之上，搭接长度为 5cm，也可用连接槽搭接。

第二节 水闸施工

一、水闸基本知识

水闸是一种利用闸门挡水和泄水的低水头水工建筑物，多建于河道、渠系及水库、湖泊岸边。关闭闸门，可以拦洪、挡潮、抬高水位以满足上游引水和通航的需要；开启闸门，可以泄洪、排涝、冲沙或根据下游用水需要调节流量。水闸在水利工程中的应用十分广泛。

水闸按闸室结构型式可分为开敞式、胸墙式及涵洞式等。

对有泄洪、过木、排冰或其他漂浮物要求的水闸，如节制闸、分洪闸大都采用开敞式，胸墙式一般用于上游水位变幅较大、水闸净宽又为低水位过闸流量所控制、在高水位时尚需用闸门控制流量的水闸，如进水闸、排水闸、挡潮闸多用这种形式。涵洞式多用于穿堤取水或排水。

另外，还可按过闸流量大小，将水闸划分为大、中、小型，例如，过闸流量在1000m³/s 以上的为大型水闸，100～1000m³/s 的为中型水闸；也有按设计水头高低划分水闸类型的。

水闸一般由闸室、上游连接段和下游连接段三部分组成。

闸室是水闸的主体，包括闸门、闸墩、边墩（岸墙）、底板、胸墙、工作桥、交通桥、启闭机等。闸门用来挡水和控制过闸流量，闸墩用来分隔闸孔和支承闸门、胸墙、工作桥、交通桥。底板是闸室的基础，它将闸室上部结构的重量及荷载传至地基，并兼有防渗和防冲的作用。工作桥和交通桥用来安装启闭设备、操作闸门和联系两岸交通。

二、闸室施工

（一）闸室底板施工

在闸室地基处理后，软基大多先铺筑素混凝土垫层 8～10cm，以保护地基，找平基面，浇筑前先进行扎筋、立模、搭设舱面脚手和清仓工作。

浇筑底板时运送混凝土入仓的方法很多，可以用载重汽车装载立罐通过履带式起重机吊运入仓，也可以用自卸汽车通过卧罐、履带起重机入仓。采用上述两种方法时，都不需要在舱面搭设脚手架。

用手推车、斗车或机动翻斗车等运输工具运送混凝土入仓时，必须在舱面搭设脚手架。

在搭设脚手架前，应先预制混凝土支柱。支柱的间距视横梁的跨度而定，然后在混凝土柱顶上架立短木柱、斜撑、横梁等组成脚手架。当底板浇筑接近完成时，可将脚手架拆除，并立即对混凝土表面进行抹面。

底板的上、下游一般都设有齿墙。浇筑混凝土时，可组成两个作业组分层浇筑。先由两个作业组共同浇筑下游齿墙，待齿墙浇平后，第一组由下游向上游进行，抽出第二组去浇上游齿墙，当第一组浇到底板中部时，第二组的上游齿墙已基本浇平，然后将第二组转到下游浇筑第二坯。当第二组浇到底板中部，第一组已到达上游底板边缘，这时第一组再转回浇第三坯。如此连续进行，可缩短每坯间隔时间，从而避免冷缝的发生，提高工程质量，加快施工进度。

钢筋混凝土底板往往有上下两层钢筋，在进料口处，上层钢筋易被砸变形，故开始浇筑混凝土时，该处上层钢筋可暂不绑扎，待混凝土浇筑面将要到达上层钢筋位置时，再进行绑扎，以免因校正钢筋变形延误浇筑时间。

水闸的闸室部分重量很大，沉陷量也大，而相邻的消力池重量较轻，沉陷量也小，如两者同时浇筑，不均匀沉陷往往造成沉陷缝两侧高差较大，可能将止水片撕裂。为了避免这种情况，最好先浇筑闸室部分，让其沉陷一段时间再浇筑消力池。但是这样做对施工安排不利，为了使底板与消力池能够穿插施工，可在消力池靠近底板处留一道施工缝，将消力池分成大小两部分。在浇筑闸墩时，就可穿插浇筑消力池的大部分，当闸室已有足够沉陷后，便可浇筑消力池的小部分；在浇筑第二期消力池时，施工缝应进行凿毛冲洗等处理。

（二）闸墩施工

由于闸墩高度大、厚度小，门槽处钢筋较密，闸墩相对位置要求严格，所以闸墩的立模与混凝土浇筑是施工中的主要难点。

1. 闸墩模板安装

为使闸墩混凝土一次浇筑达到设计高程，闸墩模板不仅要有足够的强度，而且要有足够的刚度。所以闸墩模板安装以往采用"铁板螺栓、对拉撑木"的立模支撑方法，此方法虽需耗用大量木材（对木模板而言）和钢材，工序繁多，但对中小型水闸施工仍较为方便。由于滑模施工方法在水利工程上的应用，目前有条件的施工单位在闸墩混凝土浇筑施工中逐渐采用滑模施工方法。

当水闸为三孔一联整体底板时，则中孔可不予支撑。在双孔底板的闸墩上，则宜将两孔同时支撑，这样可使3个闸墩同时浇筑。

由于钢模板在水利水电工程中应用广泛，施工人员依据滑模的施工特点，发展形成了闸墩施工的翻模施工法，即立模时一次至少3层，当第三层模板内混凝土浇至腰箍下缘时，第二层模板内腰箍以下部分的混凝土须达到脱模强度（以98kPa为宜），这样便可拆掉第一层，去架立第四层模板，并绑扎钢筋，依次类推，保持混凝土浇筑的连续性，以避免产生冷缝。如江苏省高邮船闸，仅用了两套共630m^2组合钢模，就替代了原计划4套共2460m^2的木模，节约木材200多m^3。

2. 混凝土浇筑

闸墩模板立好后，随即进行清仓工作。用压力水冲洗模板内侧和闸墩底面，污水由底层模板上的预留孔排出。清仓完毕堵塞小孔后，即可进行混凝土浇筑。

闸墩混凝土的浇筑，主要是解决好两个问题：一是每块底板上闸墩混凝土的均衡上升；二是铺筑。

为了保证混凝土的均衡上升，运送混凝土入仓时应很好地组织，使在同一时间运到同一底板各闸墩的混凝土量大致相同。为防止流态混凝土由高度下落时产生离析，应在仓内设备溜管，可每隔2~3m设置一组。由于仓内工作面窄，浇捣人员走动困难，可把仓内浇筑面划分成几个区段，每区段内固定浇捣工人，这样可提高工效。每层混凝土厚度可控制在 30cm 左右。

小型水闸闸墩浇筑时，工人一般可在模板外侧，浇筑组织较为简单。

（三）基础和墩墙止水

基础和墩墙的止水，施工时要注意止水片接头处的连接，一般金属止水片在现场电焊或氧气焊接，橡胶止水片多用胶水粘接，塑料止水片熔接（熔点为 180℃左右），使之连接成整体，浇筑混凝土时注意止水片下翼橡皮的铺垫料，并加强振捣，防止形成孔洞，垂直止水应随墙身的升高而分段进行。止水片可以分为左、右两半，并排竖立在沥青井内，以适应沉陷不均的需要。

（四）门槽二期混凝土施工

采用平面闸门的中、小型水闸，在闸墩部位都设有门槽。为了减少闸门的启闭力及闸门封水，门槽部分的混凝土中埋有导轨等铁件，如滑动导轨、主轮、侧轮及反轮导轨等。这些铁件的埋设可采取预埋及留槽后浇两种方法。小型水闸的导轨铁件较小，可在闸墩立模时将其预先固定在模板的内侧。闸墩混凝土浇筑时，导轨等铁件即浇入混凝土中。由于大、中型水闸导轨较大、较重，在模板上固定较为困难，宜采用预留槽后浇筑二期混凝土的施工方法。

1. 门槽垂直度控制

门槽及导轨必须铅直无误，导轨安装前，要对基础螺栓进行校正，安装过程中必须随时用垂球进行校正，使其铅直无误。导轨就位后即可立模浇筑二期混凝土。

闸门底槛设在闸底板上，在施工初期浇筑底板时，若铁件不能完成，也可在闸底板上留槽以后浇筑二期混凝土。

浇筑二期混凝土时，应采用细骨料混凝土，并细心捣固，不要振动已装好的金属构件。门槽较高时，不要直接从高处下料，而采取分段安装和浇筑。二期混凝土拆模后，对埋件进行复测，并做好记录，同时检查混凝土表面尺寸，清除遗留的杂物、钢筋头，以免影响闸门启闭。

2. 弧形闸门的导轨安装及二期混凝土浇筑

弧形闸门的启闭绕水平轴转动，转动轨迹由支臂控制，所以不设门槽，但为了减小启闭门力，有导轨的安装及二期混凝土施工。

第三节 渡槽施工

一、渡槽基本知识

当渠道与山谷、河流、道路相交,为连接渠道而设置的过水桥,称为渡槽。

渡槽设计的主要内容有:选择适宜的渡槽位置和形式;拟定纵横断面进行细部设计和结构设计等。

渡槽由进口段、槽身、出口段及支承结构等部分组成。按支承结构可分为梁式渡槽和拱式渡槽两大类。

(一)梁式渡槽

渡槽的槽身直接支撑在槽墩或槽架上,既可用于输水又可以起到纵向梁的作用。各伸缩缝之间的每一节槽身,沿纵向有两个支点,一般做成简支的,也可做成双悬臂的,前者的跨度常用 $8\sim10m$,后者可达 $30\sim40m$。

槽身横断面常用矩形和 U 形。矩形槽身可用浆砌石或钢筋混凝土建造。对无通航要求的渡槽,为增强侧墙稳定性和改善槽身的横向受力条件,可沿槽身在槽顶每隔 $1\sim2m$ 设置拉杆;如有通航要求,则适当增加侧墙厚度或沿槽长每隔一定距离加肋。槽身跨度常采用 $5\sim12m$。

U 形槽身是在半圆形的上方加一直段拉杆构成,常用钢筋混凝土或预应力钢筋混凝土建造。为改善槽身的受力条件,可将底部弧形段加厚,与矩形槽身一样,可在槽顶加设横向拉杆。

矩形槽身常用的深宽比为 $0.6\sim0.8$,U 形槽身常用深宽比为 $0.7\sim0.8$。

(二)拱式渡槽

当渠道跨越地质条件较好的窄深山谷时,以选用拱式渡槽较为有利。

拱式渡槽由槽墩、主拱圈、拱上结构和槽身组成。

主拱圈是拱式渡槽的主要承重结构,常用的主拱圈有板拱和肋拱两种形式。

板拱渡槽主拱圈的径向截面多为矩形,可用浆砌石、钢筋混凝土或预制钢筋混凝土块砌筑而成。箱形板拱为钢筋混凝土结构。

肋拱渡槽的主拱圈为肋拱框架结构,当槽宽不大时,多采用双肋,拱肋之间每隔一定距离设置刚度较大的横梁系，以加强拱圈的整体性。拱圈一般为钢筋混凝土结构。拱上结构为空腹式。槽身一般为预制的钢筋混凝土U形槽或矩形槽。肋拱渡槽是大、中跨度拱式渡槽中广为采用的一种形式。

二、砌石拱渡槽施工

砌石拱渡槽由基础、槽墩、拱圈和槽身4部分组成。基础、槽墩和下面着重介绍拱圈的施工，其施工程序包括砌筑拱座、安装拱架、砌筑拱圈及拱上建筑、拆卸拱架等。

（一）拱架

砌拱时用于支承拱圈砌体的临时结构称为拱架。拱架的形式很多，按所用材料不同可分为木拱架、钢拱架、钢管支撑拱架及土（砂）牛拱胎等。

在小跨拱的施工中，较多的采用工具式的钢管支撑拱架，它具有周转率高、损耗小、装拆简捷的特点，可节省大量人力、物力。土（砂）牛拱胎是在槽墩之间填土（砂）、层层夯实，做成拱胎，然后在拱胎上砌筑拱圈。这种方法由于不需要钢材、木材，施工进度快，对缺乏木材而又不太高的砌石拱是可取的；但填土质量要求高，以防止在拱圈砌筑中产生较大的沉陷。如跨越河沟有少量流水时，可预留一泄水涵洞。

拱圈的自重、温度影响以及拱架受荷后的压缩（包括支柱与地基的压缩、卸架装置的压缩等）都将使拱圈下沉。为此，在制作拱架时，为抵消拱圈的下沉值，使建成的拱轴线与设计的拱轴线接近吻合，拱架安装时拱高要比设计拱高值有所增加。拱架的这种预加高度称为预留拱度，其数值通过查有关表格得来。

（二）主拱圈的砌筑

砌筑圈时，应注意施工程序和方法，以免在砌筑过程中拱架变形过大而使拱圈产生裂缝。根据经验，跨度在8m以下的拱圈，可按拱的全宽和全厚，自拱脚同时对称连续向拱顶砌筑，争取一次完成。

跨度在8～15m的拱圈，最好先在拱脚留出空缝，从空缝开始砌至1/3矢高时，在跨中1/3范围内预压总数20%的拱石，以控制拱架在拱顶部分上翘。当砌体达到设计强度的70%时，要将拱脚预留的空缝用砂浆填塞。跨度大于15m的拱圈，宜采用分环、分段砌筑。

1. 分环

当拱圈厚度较大，由2～3层拱石组成时，可将拱圈全厚分环（层）砌筑，即砌好一环合龙后，再砌上面一环，从而减轻拱架负担。

2. 分段

若跨度较大时，需将全拱分成数段，同时对称砌筑，以保持拱架受力平衡。砌筑的次序是先拱脚、后拱顶、再拱跨处，最后砌其余各段。拱圈砌筑时须在分段处设置挡板或三角木撑，以防砌体下滑，也可不设支撑，仅在拱模板上钉扒钉顶住砌体。拱圈砌筑，在同一环中应注意错缝，缝距不小于10cm，砌缝面应呈辐射状，当用矩形料石砌筑拱圈时，可通过调节灰缝宽度使之呈辐射状，但灰缝上下宽差不得超过30%。

3. 空缝的设置

大跨度拱圈砌筑，除在拱脚留出空缝外，还需在各段之间设置空缝，以避免拱架变形过程中拱圈开裂。

为便于缝内填塞砂浆，在砌缝小于15mm时，可将空缝宽度扩大至30～40mm。砌筑时，在空缝处可使用预制砂浆块、混凝土块或铸铁块隔垫，以保持空缝，每条空缝的表面，应在砌好后用砂浆封涂，以观察拱圈在砌筑中的变化。拱圈强度达到设计的70%后，即可填塞空缝，用体积比1∶1、水灰比0.25的水泥砂浆分层填实，每层厚约10cm。拱圈的合龙和填塞空缝宜在低温下进行。

4. 拱上建筑的砌筑

拱圈合拢后，待砂浆达到承压强度，即可进行拱上建筑的砌筑。空腹拱的腹拱圈，宜在主拱圈落架后再砌筑，以免因主拱圈下沉不均，使腹拱产生裂缝。

（三）拱架拆除

拆架期限，主要是根据合龙处的砌筑砂浆强度能否满足静荷载的应力需要。具体日期应根据跨度大小、气温高低、砂浆性能等决定。

拱架卸落前，上部圬工的重量绝大部分由拱架承受，卸架后，转由拱圈负担。为避免拱圈因突然受力而发生颤动，甚至导致开裂，卸落拱架时，应分次均匀下降，每次降落均至拱架与拱圈完全脱开为止。

三、装配式渡槽施工

装配式渡槽施工包括预制和吊装两个施工过程。

（一）构件的预制

1. 槽架的预制

槽架是渡槽的支承构件，为了便于吊装，一般选择靠近槽址的场地预制。制作的方式有地面立模和砖土胎模两种。

(1) 地面立模

在平坦夯实的地面上用重量比为 1 : 3 : 8 的水泥、黏土、砂浆混合物抹面，厚约 1cm，压抹光滑作为底模，立上侧模后浇制。拆模后，当强度达到 70% 时，即可移出存放，以便重复利用场地。

(2) 砖土胎模

其底模和侧模均采用砖或夯实土做成，与构件的接触面用水泥黏土砂浆抹面，并涂上脱模剂即可。使用土模应做好四周的排水工作。

高度在 15m 以上的排架，如受起重设备能力的限制，可以分段预制。吊装时，分段定位，用焊接固定接头，待槽身就位后，再浇筑二期混凝土。

2. 槽身的预制

为了便于预制后直接吊装，整体槽身预制宜在两排架之间或排架一侧进行，槽身的方向可垂直或平行于渡槽的纵向轴线，根据吊装设备和方法而定。要避免因预制位置选择不当而在起吊时发生摆动或冲击现象。

U 形薄壳梁式槽身的预制，有正置和反置两种浇筑方式。正置浇筑是槽口向上，优点是内模板拆除方便，吊装时不需要翻身，但底部混凝土不易捣实，适用于大型渡槽或槽身不便翻身的工地。反置浇筑是槽口向下，优点是捣实较易，质量容易保证，且拆模快、用料少等；缺点是增加了翻身的工序。

矩形槽身的预制，可以事先预制也可分块预制。中、小型工程，槽身预制采用砖土材料制模。

3. 预应力构件的制造

在制造装配式梁、板及柱时采取预应力钢筋混凝土结构，不仅能提高混凝土的抗裂性与耐久性，减轻构件自重，并可节约钢筋 20%～40%。预应力就是在构件使用前预先加一个力，使构件产生应力，以抵消构件使用时荷载产生相反的应力。制造预应力钢筋混凝土构件的方法很多，基本上分为先张法和后张法两大类。

(1) 先张法。

在浇筑混凝土之前，先将钢筋张拉固定，然后立模浇筑混凝土。等混凝土完成硬化后，去掉张拉设备或剪断钢筋，利用钢筋弹性收缩的作用通过钢筋与混凝土间的黏结力把压力传给混凝土，使混凝土产生预应力。

(2) 后张法。

后张法就是在混凝土筑好以后再张拉钢筋。具体就是在设计配置预应力钢筋的部位预先留出孔道，等到混凝土达到设计强度后，再穿入钢筋进行张拉，张拉锚固后让混凝土获得压应力，并在孔道内灌浆，最后卸去锚固外面的张拉设备。

（二）梁式渡槽的吊装

装配式渡槽的吊装工作是渡槽施工中的主要环节，必须根据渡槽型式、尺寸、构件重量、吊装设备能力、地形和自然条件、施工队伍的素质以及进度要求等因素，进行具体分析比较，选定快速简便、经济合理和安全可靠的吊装方案。

1. 槽架的吊装

槽架下部结构有支柱、横梁和整体排架等。支柱和排架的吊装通常有垂直起吊插装和就地转起立装两种。垂直起吊插装是用起重设备将构件垂直吊离地面后，插入杯形基础，先用木楔（或钢楔）临时固定，校正标高和平面位置后，再填充混凝土做永久固定。就地转起立装法与扒杆的竖立法相同，两个支柱间的横梁仍用起重设备吊装，吊装次序由下而上；将横梁先放置在固定于支柱上的三角撑铁上，位置校正无误后即焊接梁与柱的连系钢筋，并浇筑二期混凝土，使支柱与横梁成为整体，待混凝土达到一定强度后再将三角撑铁拆除。

2. 槽身的吊装

装配式渡槽槽身的吊装基本上可分为两类，即起重设备架立于地面上吊装及起重设备架立于槽墩或槽身上吊装。

第七章　水利工程管理

第一节　水利工程管理要求

一、水利工程管理基本理念

5000多年前，我国古代社会进入了原始公社末期，农业开始成为社会的基本经济。人们为了生产和生活的方便，以氏族公社为单位，集体居住在河流和湖泊的两旁。人们临水而居虽然有着很大的便利，但也常常受到河水泛滥的危害。为防御洪水，人们修起了一个围埝，开始了我国古代原始形态的防洪工程，此时也开始设立了专门管理工程事务的职官——"司空"。"司空"是古代中央政权机关中主管水土等工程的最高行政长官。禹即是被部落联盟委以司空重任，主持治水工作。《尚书·尧典》记载了"禹作司空""平水土"。禹治水成功后，被推举为部落联盟领袖，成为全国共主。

从远古人的"居丘"，到禹治洪水后的"降丘宅土"，将广大平原进行开发，这是人们改造大自然的胜利。随着社会实践和生产力的提高，人们防洪的手段也从简易的围村址向筑堤防洪转变，并随着生产和生活需求，向引用水工程发展。春秋战国时期，楚国修建的"芍陂"，被称为"天下第一塘"，可以灌田万顷；吴国开凿的胥河，是我国最早的人工运河；西门豹的引黄治邺和秦国的郑国渠，都是著名的引水灌溉工程。随着水利工程的大规模修筑，统治者开始意识到水事管理的重要性，建立了正式的水事管理机构，工程管理的相关制度也逐步开始形成。

《管子·度地》的记载表明，春秋时期已有细致的水利工程管理制度。其中规定：水利工程要由熟悉技术的专门官吏管理，水官在冬天负责检查各地工程，发现需要维修治理的，即向政府书面报告，经批准后即可实施治理。施工要安排在春季农闲时节，完工后要经常检查维护。水利修防队伍从老百姓中抽调，每年秋季按人口和土地面积摊派，并且服工役可代替服兵役。汛期堤坝如有损坏，要把责任落到实处、落实到个人，抓紧修治，官府组织人力支持。遇有大雨，要对堤防加以适当遮盖，在迎水冲刷的危险堤段要派人据守防护。这些制度说明我们的祖先在水利工程治理个方面已经积累了丰富的实践经验。

（一）水利工程管理的含义

水利工程是伴随着人类文明发展起来的。在整个发展过程中，人们对水利工程要进行管理的意识越来越强烈，但发展至今并没有一个明确的概念。近年来，随着对水利工程管理研究的不断深入，不少学者试图给水利工程管理下一个明确的定义。一部分学者认为，水利工程管理实质上就是保护和合理运用已建成的水利工程设施，调节水资源，为社会经济发展和人民生活服务的工作，进而使水利工程能够很好地服务于防洪、排水、灌溉、发电、水运、水产、工业用水、生活用水和改善环境等个方面。一部分学者认为，水利工程管理，就是在水利工程项目发展周期过程中，对水利工程所涉及的各项工作，进行的计划、组织、指挥、协调和控制，以达到确保水利工程质量和安全，节省时间和成本，充分发挥水利工程效益的目的。它分为两个层次，一是工程项目管理：通过一定的组织形式，用系统工程的观点、理论和方法，对工程项目管理生命周期内的所有工作，包括项目建议书、可行性研究、设计、设备采购、施工、验收等系统过程，进行计划、组织、指挥、协调和控制，以达到保证工程质量、缩短工期、提高投资的目的；二是水利工程运行管理：通过健全组织，建立制度，综合运用行政、经济、法律、技术等手段，对已投入运行的水利工程设施进行保护、运用，以充分发挥工程的除害兴利效益。一部分学者认为，水利工程管理是运用、保护和经营已开发的水源、水域和水利工程设施的工作；另一部分学者认为，水利工程管理是从水利工程的长期经济效益出发，以水利工程为管理对象，对其各项活动进行全面、全过程的管理。完整的内容应该涵盖工程的规划、勘测设计、项目论证、立项决策、工程设计、制定实施计划、管理体制、组织框架、建设施工、监理监督、资金筹措、验收决算、生产运行、经营管理等内容。一个水利工程的完整管理可以分为三个阶段，即第一阶段，工程前期的决策管理；第二阶段，工程的实施管理；第三阶段，工程的运营管理。

在综合多位学者对水利工程管理概念理解的基础上，可以这样归纳，水利工程管理是指在深入了解已建水利工程性质和作用的基础上，为尽可能地趋利避害，保护和合理利用水利工程设施，充分发挥水利工程的社会和经济效益所做出的必要管理。

（二）流域治理体系

《中华人民共和国水法》第十二条规定"国家对水资源实行流域管理与行政区域管理相结合的管理体制"。国务院水行政主管部门在国家确定的重要江河湖泊设立的流域管理机构，在所管辖的范围内行使法律、行政法规规定的和国务院水行政主管部门授予的水资源管理和监督职责。我国已按七大流域设立了流域管理机构，有长江水利委员会、黄河水利委员会、海河水利委员会、淮河水利委员会、珠江水利委员会、松辽水利委员会、太湖流域管理局。七大江河湖泊的流域机构依照法律、行政法规的规定和水利部的授权，在所管辖的范围内对水资源进行管理与监督。

《中华人民共和国水法》对流域管理机构的法定管理范围确定为：参与流域综合规划和区域综合规划的编制工作；审查并管理流域内水工程建设；参与拟定水功能区划，监测水功能区水质状况；审查流域内的排污设施；参与制定水量分配方案和旱情等紧急情况下的水量调度预案；审批在边界河流上建设水资源开发、利用项目；制订年度水量分配方案和调度计划；参与取水许可管理；监督、检查、处理违法行为等。

水利工程建成交付水管单位后，水管单位就拥有了发挥工程效益的主要经营要素—劳动者（管理职工），主要劳动资料（水利工程），劳动对象（天然水资源）。如果运行费用的资金来源有保证，水管单位就拥有了全部经营要素。这些经营要素必须互相结合，才能使水利工程发挥防洪、灌溉、发电、城镇供水、水产、航运等设计效益。使水利工程发挥效益的技术、经济活动就是经营水利的过程。经营的目的是以尽可能小的劳动耗费和尽可能少的劳动占用取得尽可能大的经营成果。尽可能大的经营成果就是在保证工程安全前提下，充分发挥工程的综合效益。水管单位为达到上述目标，就必须运用管理科学，把计划、组织、指挥、协调、控制等管理职能与经营过程结合起来，使各种经营要素得到合理的结合。概括地说，水利工程管理是一门在运用水利工程进行防洪、供水等生产活动过程中对各种资源（人与物）进行计划、组织、指挥、协调和控制，以及对所产生的经济关系（管理关系）及其发展变化规律进行研究的边缘学科。水利工程管理涉及生产力经济学、政治经济学、管理科学、心理学、会计学、水利科学技术，以及数理统计、系统工程等许多社会科学和自然科学的理论和知识。

水管单位既是生产活动的组织者，又是一定社会生产关系的体现者。因此，水管单位的经营管理基本内容包括两个方面：一个方面是生产力的合理组织，包括劳动力的组织、劳动手段的组织、劳动对象的组织，以及生产力要素结合的组织，等等；另一个方面是有关生产关系的正确处理，包括正确处理国家、水管单位与职工之间的关系，水管单位与用水单位的关系，等等。

经营管理过程是生产力合理组织和生产关系的正确处理这两种基本职能共同结合发生作用的过程。在经营管理的实践中，又表现为计划、组织、指挥、协调和控制等一系列具体管理职能。通过决策和计划，明确水管单位的目标；通过组织，建立实现目标的手段；通过指挥，建立正常的生产秩序；通过协调，处理好各个方面的关系；通过控制，检查计划的实现情况，纠正偏差，使各个方面的工作更符合实际，从而保证计划的贯彻执行和决策的实现。

二、管理要求

（一）基本要求

第一，工程养护应做到及时消除表面的缺陷和局部工程问题，防护可能发生的损坏，保持工程设施的安全、完整、正常运用。

第二，管理单位应依据水利部、财政部《水利工程维修养护定额标准（试点）》编制次年度养护计划，并按规定上报主管部门。

第三，养护计划批准下达后，应尽快组织实施。

（二）大坝管护

第一，坝顶养护应达到坝顶平整，无积水，无杂草，无弃物；防浪墙、坝肩、踏步完整，轮廓鲜明；坝端无裂缝，无坑凹，无堆积物。

第二，坝顶出现坑洼和雨淋沟缺，应及时用相同材料填平补齐，并应保持一定的排水坡度；坝顶路面如有损坏，应及时修复；坝顶的杂草、废弃物应及时清除。

第三，防浪墙、坝肩和踏步出现局部破损，应及时修补。

第四，坝端出现局部裂缝、坑凹，应及时填补，发现堆积物应及时清除。

第五，坝坡养护应达到坡面平整，无雨淋沟缺，无荆棘杂草滋生；护坡砌块应完好，砌缝紧密，填料密实，无松动、塌陷、脱落、风化、冻毁或架空现象。

第六，干砌块石护坡的养护应符合下列要求：

（1）及时填补、揳紧脱落或松动的护坡石料。（2）及时更换风化或冻损的块石，并嵌砌紧密。（3）块石塌陷、垫层被淘刷时，应先翻出块石，恢复坝体和垫层后，再将块石嵌砌紧密。

第七，混凝土或浆砌块石护坡的养护应符合下列要求：

（1）清除伸缩缝内杂物、杂草，及时填补流失的填料；（2）护坡局部发生侵蚀剥落、裂缝或破碎时，应及时采用水泥砂浆表面抹补、喷浆或填塞处理；（3）排水孔如有不畅，应及时进行疏通或补设。

第八，堆石或碎石护坡石料如有滚动，造成厚薄不均时，应及时进行平整。

第九，草皮护坡的养护应符合下列要求：

（1）经常修整草皮、清除杂草、洒水养护，保持完整美观；（2）出现雨淋沟缺时，应及时还原坝坡，补植草皮。

第十，对无护坡土坝，如发现有凹凸不平，应进行填补整平；如有冲刷沟，应及时修复，并改善排水系统；如遇风浪淘刷，应进行填补，必要时放缓边坡。

（三）排水设施管护

第一，排水、导渗设施应达到无断裂、损坏、阻塞、失效现象，排水畅通。

第二，排水沟（管）内的淤泥、杂物及冰塞，应及时清除。

第三，排水沟（管）局部的松动、裂缝和损坏，应及时用水泥砂浆修补。

第四，排水沟（管）的基础如被冲刷破坏，应先恢复基础，后修复排水沟（管）；修复时，应使用与基础同样的土料，恢复至原断面，并夯实；排水沟（管）如设有反滤层时，应按设计标准恢复。

第五，随时检查修补滤水坝趾或导渗设施周边山坡的截水沟，防止山坡浑水淤塞坝趾导渗排水设施。

第六，减压井应经常进行清理疏通，保持排水畅通；周围如有积水渗入井内，应将积水排干，填平坑洼。

（四）输、泄水建筑物管护

第一，输、泄水建筑物表面应保持清洁完好，及时排除积水、积雪、苔藓、蚧贝、污垢及淤积的沙石、杂物等。

第二，建筑物各部位的排水孔、进水孔、通气孔等均应保持畅通；墙后填土区发生塌坑、沉陷时应及时填补夯实；空箱岸（翼）墙内淤积物应适时清除。

第三，钢筋混凝土构件的表面出现涂料老化，局部损坏、脱落、起皮等，应及时修补或重新封闭。

第四，上下游的护坡、护底、陡坡、侧墙、消能设施出现局部松动、塌陷、隆起、淘空、垫层散失等，应及时按原状修复。

第五，闸门外观应保持整洁，梁格、臂杆内无积水，及时清除闸门吊耳、门槽、弧形门支钗及结构夹缝处等部位的杂物。钢闸门出现局部锈蚀、涂层脱落时应及时修补；闸门滚轮、弧形门支钗等运转部位的加油设施应保持完好、畅通，并定期加油。

第六，启闭机的管护应符合下列要求：

（1）防护罩、机体表面应保持清洁、完整。（2）机架不得有明显变形、损伤或裂缝，底脚连接应牢固可靠；启闭机连接件应保持紧固。（3）注油设施、油泵、油管系统保持完好，油路畅通，无漏油现象；减速箱、液压油缸内油位保持在上、下限之间，定期过滤或更换，保持油质合格。（4）制动装置应经常维护，适时调整，确保灵活可靠。（5）钢丝绳、螺杆有齿部位应经常清洗、抹油，有条件的可设置防尘设施；启闭螺杆如有弯曲，应及时校正。（6）闸门开度指示器应定期校验，确保运转灵活、指示准确。

第七，机电设备的管护应符合下列要求：

（1）电动机的外壳应保持无尘、无污、无锈；接线盒应防潮，压线螺栓紧固；轴承内润滑脂油质合格，并保持填满空腔内 $1/2 \sim 1/3$。（2）电动机绕组的绝缘电阻应定期检测，小于 0.5 兆欧时，应进行干燥处理。（3）操作系统的动力柜、照明柜、操作箱、各种开关、继电保护装置、检修电源箱等应定期清洁，保持干净；所有电气设备外壳均应可靠接地，并定期检测接地电阻值。（4）电气仪表应按规定定期检验，保证指示正确、灵敏。（5）输电线路、备用发电机组等输变电设施按有关规定定期养护。

第八，防雷设施的管护应符合下列规定：

（1）避雷针（线、带）及引下线如锈蚀量超过截面 30% 时，应予更换。（2）导电部件的焊接点或螺栓接头如脱焊、松动应予补焊或旋紧。（3）接地装置的接地电阻值应不大于 10 欧，超过规定值时应增设接地极。（4）电器设备的防雷设施应按有关规定定期检验。（5）防雷设施的构架上，严禁架设低压线、广播线及通信线。

（五）观测设施管护

第一，观测设施应保持完整，无变形、损坏、堵塞。

第二，观测设施的保护装置应保持完好，标志明显，随时清除观测障碍物；观测设施如有损坏，应及时修复，并重新校正。

第三，测压管口应随时加盖上锁。

第四，水位尺损坏时，应及时修复，并重新校正。

第五，景水堰板上的附着物和堰槽内的淤泥或堵塞物应及时清除。

（六）自动监控设施管护

第一，自动监控设施的管护应符合下列要求：

（1）定期对监控设施的传感器、控制器、指示仪表、保护设备、视频系统、通信系统、计算机及网络系统等进行维护和清洁除尘。（2）定期对传感器、接收及输出信号设备进行率定和精度校验。对不符合要求的，应及时检修、校正或更换。（3）定期对保护设备进行灵敏度检查、调整，对云台、雨刮器等转动部分加注润滑油。

第二，自动监控系统软件系统的养护应遵守下列规定：

（1）制定计算机控制操作规程并严格执行。（2）加强对计算机和网络的安全管理，配备必要的防火墙。（3）定期对系统软件和数据库进行备份，技术文档应妥善保管。（4）修改或设置软件前后，均应进行备份，并做好记录。（5）未经无病毒确认的软件不得在监控系统上使用。

第三，自动监控系统发生故障或显示警告信息时，应查明原因，及时排除，并详细记录。

第四，自动监控系统及防雷设施等，应按有关规定做好养护工作。

（七）管理设施管护

第一，管理范围内的树木、草皮，应及时浇水、施肥、除害、修剪。

第二，管理办公用房、生活用房应整洁、完好。

第三，防污道路及管理区内道路、供排水、通讯及照明设施应完好无损。

第四，工程标牌（包括界桩、界牌、安全警示牌、宣传牌）应保持完好、醒目、美观。

第二节 堤防与水闸管理

一、堤防管理

（一）堤防的工作条件

堤防是一种适应性很强，利用坝址附近的松散土料填筑、碾压而成的挡水建筑物。其工作条件如下：

1. 抗剪强度低

由于堤防挡水的坝体是松散土料压实填成的,故抗剪强度低,易发生坍塌、失稳滑动、开裂等坏。

2. 挡水材料透水

坝体材料透水,易产生渗漏等。

3. 受自然因素影响大

堤防在地震、冰冻、风吹、日晒、雨淋等自然因素作用下,易发生沉降、风化、干裂、冲刷、渗流侵蚀等,故工作中应符合自然规律,严格按照运行规律进行管理。

(二)堤防的检查

堤防的检查工作主要有四个方面:①经常检查;②定期检查;③特别检查;④安全鉴定。

1. 经常检查

堤防的经常性检查是由管理单位指定有经验的专职人员对工程进行的例行检查,并需填写有关检查记录。此种检查原则上每月至少应进行 1～2 次。检查内容主要包括以下几个方面。

(1)检查坝体有无裂缝。检查的重点应是坝体与岸坡的连接部位,异性材料的接合部位,河谷形状的突变部位,坝体土料的变化部位,填土质量较差的部位,冬季施工的坝段等部位。如果发现裂缝,应检查裂缝的位置、宽度、方向和错距,并跟踪记录,观测其发展情况。对横向裂缝,应检查贯穿的深度、位置,是否形成或将要形成漏水通道;对纵向裂缝,应检查是否形成向上游或向下游的圆弧形,有无滑坡的迹象。(2)检查下游坝坡有无散浸和集中渗流现象,渗流是清水还是浑水;在坝体与两岸接头部位和坝体与刚性建筑物连接部位有无集中渗流现象;坝脚和坝基渗流出溢处有无管涌、流土和沼泽化现象;埋设在坝体内的管道出口附近有无异常渗流或形成漏水通道,检查渗流量有无变化。(3)检查上下游坝坡有无滑坡、上部坍塌、下部塌陷和隆起现象。(4)检查护坡是否完好,有无松动、塌陷、垫层流失、石块架空、翻起等现象;草皮护坡有无损坏或局部缺草,坝面有无冲沟等情况。(5)检查坝体上和库区周围排水沟、截水沟、集水井等排水设备有无损坏、裂缝、漏水或被土石块、杂草等阻塞等情况。(6)检查防浪墙有无裂缝、变形、沉陷和倾斜等;坝顶路面有无坑洼,坝顶排水是否畅通,坝轴线有无位移或沉降,测桩是否损坏等。(7)检查坝体有无动物洞穴,是否有害虫、害兽的活动迹象。(8)对水质、水位、环境污染源等进行检查观测,对堤防量水堰的设备、测压管设备进行检查。

对每次检查出的问题应及时研究分析,并确定妥善的处理措施。有关情况要记录存档,以备检索。

2. 定期检查

定期检查是在每年汛前、汛后和大量用水期前后组织一定力量对工程进行的全面性检查。检查的主要内容有以下几个方面。

（1）检查溢洪道的实际过水能力。对不能安全运行，洪水标准低的堤防，要检查是否按规定的汛期限制水位运行。如果出现较大洪水，有没有切实可行的保护堤坝的措施，并检查是否可有效落实。（2）检查坝址处、溢洪道岸坡或库区及水库沿岸有无危及坝体安全的滑坡、塌方等情况。（3）坝前淤积严重的坝体，要检查淤积库容的增加对坝体安全和效益所带来的危害。特别要复核抗洪能力，以及采取哪些相应措施，以免造成洪水漫坝的危险。（4）检查溢洪道出口段回水是否可能冲淹坝脚，影响坝体安全。（5）对坝下涵管进行检查。（6）检查掌握水库汛期的蓄水和水位变化情况，严格按照规定的安全水位运用，不能超负荷运行。放水期注意控制放水流量，以防因水库水位骤降等因素影响坝体安全。

3. 特别检查

特别检查是当工程发生严重破坏现象或有重大疑点时，组织专门力量进行检查。通常在发生特大洪水、暴雨、强烈地震、工程非常运用等情况时进行。

4. 安全鉴定

工程建成后，在投入使用三至五年内须对工程进行一次全面鉴定，以后每隔六至十年进行一次。安全鉴定应由主管部门组织，由管理、设计、施工、科研等单位及有关专业人员共同参加。

（三）堤防的养护修理

堤防的养护修理应本着"经常养护，随时维修，养重于修，修重于抢"的原则进行，一般可分为经常性养护维修、岁修、大修和抢修。经常性的养护维修是根据检查发现的问题而进行的日常保养维护和局部修补，以保持工程的完整性。岁修一般是在每年汛后进行，属全面的检查维修。大修是指工程损坏较大时所作的修复。大修一般技术复杂，可邀请有关设计、科研及施工单位共同研究修复方案。抢修又称为抢险，当工程发生事故，危及整个工程安全及下游人民生命财产的安全时，应立即组织力量抢修。

堤防的养护修理工作主要包括下列内容。

（1）在坝面上不得种植树木和农作物，不得放牧、铲草皮，搬动护坡和导渗设施的砂石材料等。（2）堤防坝顶应保持平整，不得有坑洼，并具有一定的排水坡度，以免积水。坝顶路面应经常养护，如有损坏应及时修复和加固。防浪墙和坝肩的路沿石、栏杆、台阶等如有损坏应及时修复。坝顶上的灯柱如有歪斜，线路和照明设备损坏，应及时调整和修补。（3）坝顶、坝坡和坝台上不得大量堆放物料和重物，以免引起不均匀沉陷或局部塌滑。坝面不得作为码头停靠船只和装卸货物，船只在坝坡附近不得高速行驶。坝前靠近坝坡如有较大的漂浮物和树木应及时打捞。(4)在距坝顶或坝的上下游一定的安全距离范围之内，不得任意挖坑、取土、打井和爆破，禁止在水库内炸鱼等对工程有害的活动。(5)对堤防上下游及附近的护坡应经常进行养护，如发现护坡石块有松动、翻动和滚动等现象，以及反滤层、垫层有流失现象，应及时修复。如果护坡石块的尺寸过小，难以抵抗风浪的淘刷，可在石块间部分缝隙中充填水泥砂浆或用水泥砂浆勾缝，以增强其抵抗能力。混凝土护坡伸缩缝内的填充料如有流失，应将伸缩缝冲洗干净后按原设计补充填料，草皮护坡如有局部损坏，应在适当的季节补植或更换新草皮。(6)堤防与岸坡连接处应设置排水沟，两岸山坡上应设置截水沟，将雨水或山坡上的渗水排至下游，防止冲刷坝坡和坝脚。坝面排水系统应保持完好，畅通无阻，如有淤积、堵塞和损坏，应及时清除和修复。维护坝体滤水设施和坝后减压设施的正常运用，防止下游浑水倒灌或回流冲刷，以保持其反滤和排渗能力。(7)堤防如果有减压井，井口应高于地面，防止地表水倒灌。如果减压井因淤积而影响减压效果，应及时采取掏淤、洗井、抽水等方法使其恢复正常。如减压井已损坏无法修复，可将原减压井用滤料填实，另打新井。(8)坝体、坝基、两岸绕渗及坝端接触渗漏不正常时，常用的处理方法是上游设防堵截，坝体钻孔灌浆，以及下游用滤土导渗等。对岩石坝基渗漏可以用帷幕灌浆的方法处理。(9)坝体裂缝，应根据不同的情况，分别采取措施进行处理。(10)对坝体的滑坡处理，应根据其产生的原因、部位、大小、坝型、严重程度及水库内水位高低等情况，进行具体分析，采取适当措施。(11)在水库的运用中，应正确控制水库水位的降落速度，以免因水位骤降而引起滑坡。对坝体上游布置有铺盖的堤防，水库一般不空放空，以防铺盖干裂或冻裂。(12)如发现堤防坝体上有兽洞、蚁穴，应设法捕捉害兽和灭杀白蚁，并对兽洞和蚁穴进行适当处理。(13)坝体、坝基及坝面的各种观测设备和各种观测仪器应妥善保护，以保证各种设备能及时准确和正常地进行各种观测。(14)保持整个坝体干净、整齐，无杂草和灌木丛，无废弃物和污染物，无对坝体有害的隐患及影响因素，做好大坝的安全保卫工作。

二、水闸管理

（一）水闸检查

水闸检查是一项细致而重要的工作，对及时准确地掌握工程的安全运行情况和工情、水情的变化规律，防止工程缺陷或隐患，都具有重要作用。主要检查内容包括：①闸门(包括门槽、门支座、止水及平压阀、通气孔等)工作情况；②启闭设施启闭工作情况；③金属结构防腐及锈蚀情况；④电气控制设备、正常动力和备用电源工作情况。

1. 水闸检查的周期

检查可分为经常检查、定期检查、特别检查和安全鉴定四类。

（1）经常检查。用眼看、耳听、手摸等方法对水闸的闸门、启闭机、机电设备、通信设备、管理范围内的河道、堤防和水流形态等进行检查。经常检查应指定专人按岗位职责分工进行。经常检查的周期按规定一般为每月不少于一次,但也应根据工程的不同情况另行规定。重要部位每月可以检查多次,次要部位或不易损坏的部位每月可只检查一次;在宣泄较大流量及出现较高水位时每月可检查多次,在非汛期可减少检查次数。

(2)定期检查。一般指每年的汛前、汛后、用水期前后、冰冻期(指北方)的检查,每年的定期检查应为4~6次。根据不同地区汛期到来的时间确定检查时间,例如,华北地区可安排6次检查,时间分别为3月上旬、5月下旬、7月、9月底、12月底、用水期前后。

(3)特别检查。是水闸经过特殊运用之后的检查,如特大洪水超标准运用、暴风雨、风暴潮、强烈地震和发生重大工程事故之后。

(4)安全鉴定。应每隔15—20年进行一次,可以在上级主管部门的主持下进行。

2.水闸检查内容

对水闸工程的重要部位和薄弱部位及易发生问题的部位,要特别注意检查观测。检查的主要内容有:

(1)水闸闸墙背与干堤连接段有无渗漏迹象。(2)砌石护坡有无坍塌、松动、隆起、底部淘空、垫层散失,砌石挡土墙有无倾斜、位移(水平或垂直)、勾缝脱落等现象。(3)混凝土建筑物有无裂缝、腐蚀、磨损、剥蚀露筋;伸缩缝止水有无损坏、漏水,门槛的预埋件有无损坏。(4)闸门有无表面涂层剥落、门体变形、锈蚀、焊缝开裂或螺栓、钾钉松动;支承行走机构是否运转灵活、止水装置是否完好,开度指示器、门槽等能否正常工作等。(5)启闭机械是否运转灵活,制动是否准确,有无腐蚀和异常声响;钢丝绳有无断丝、磨损、锈蚀、接头不牢、变形;零部件有无缺损、裂纹、磨损及螺杆有无弯曲变形;油压机油路是否通畅,油量、油质是否合乎规定要求,调控装置及指示仪表是否正常,油泵、油管系统有无漏油。备用电源及手动启闭是否可靠。(6)机电及防雷设备、线路是否正常,接头是否牢固,安全保护装置动作是否准确可靠,指示仪表指示是否正确,备用电源是否完好可靠,照明、通信系统是否完好。(7)进、出闸水流是否平顺,有无折冲水流或波状水跃等不良流态。

(二)水闸养护

1.建筑物土工部分的养护

对土工建筑物的雨淋沟、浪窝、塌陷以及水流冲刷部分,应立即进行检修。当土工建筑物发生渗漏、管涌时,一般采用上游堵截渗漏、下游反滤导渗的方法进行及时处理。当发现土工建筑物发生裂缝、滑坡时,应立即分析原因,根据情况可采用开挖回填或灌浆方法处理,但滑坡裂缝不宜采用灌浆方法处理。对隐患,如蚁穴兽洞、深层裂缝等,应采用灌浆或开挖回填处理。

2. 砌石设施的养护

对干砌块石护坡、护底和挡土墙，如有塌陷、隆起、错动时，要及时整修，必要时，应予更换或灌浆处理。

对浆砌块石结构，如有塌陷、隆起，应重新翻砌，无垫层或垫层失效的均应补设或整修。遇有勾缝脱落或开裂，应冲洗干净后重新勾缝。浆砌石岸墙、挡土墙有倾覆或滑动迹象时，可采取降低墙后填土高度或增加拉撑等办法予以处理。

3. 混凝土及钢筋混凝土设施的养护

混凝土的表面应保持清洁完好，对苔藓、蚧贝等附着生物应定期清除。对混凝土表面出现的剥落或机械损坏问题，可根据缺陷情况采用相应的砂浆或混凝土进行修补。

对混凝土裂缝，应分析原因及其对建筑物的影响，拟定修补措施。裂缝的修补方法参阅项目三有关内容。

水闸上、下游，特别是底板、闸门槽、消力池内的砂石，应定期清理打捞，以防止产生严重磨损。

伸缩缝填料如有流失，应及时填充，止水片损坏时，应凿槽修补或采取其他有效措施修复。

4. 其他设施的养护

禁止在交通桥上和翼墙侧堆放砂石料等重物，禁止各种船只停靠在泄水孔附近，禁止在附近爆破。

（三）水闸的控制运用

水闸控制运用又称水闸调度，水闸调度的依据是：①规划设计中确定的运用指标；②实时的水文、气象情报、预报；③水闸本身及上下游河道的情况和过流能力；④经过批准的年度控制运用计划和上级的调度指令。在水闸调度中需要正确处理除水害与兴水利之间的矛盾，以及城乡用水、航运、放筏、水产、发电、冲淤、改善环境等有关个方面的利害关系。在汛期，要在上级防汛指挥部门的领导下，做好防汛、防台、防潮工作。在水闸运用中，闸门的启闭操作是关键，要求控制过闸流量，时间准确及时，保证工程和操作人员的安全，防止闸门因受到漂浮物的冲击以及高速水流的冲刷而遭到破坏。

为了改进水闸运用操作技术，需要积极开展有关科学研究和技术革新工作，如改进雨情、水情等各类信息的处理手段；率定水闸上下游水位、闸门开度与实际过闸流量之间的关系；改进水闸调度的通信系统；改善闸门启闭操作系统；装置必要的闸门遥控、自动化设备。

（四）水闸的工程管理

水闸常见的安全问题和破坏现象有：在关闸挡水时，闸室的抗滑稳定；地基及两岸土体的渗透破坏；水闸软基的过量沉陷或不均匀沉陷；开闸放水时下游连接段及河床的冲刷；水闸上、下游的泥沙淤积；闸门启闭失灵；金属结构锈蚀；混凝土结构破坏、老化等。针对这些问题，需要在运用管理中做好检查观测、养护修理工作。

水闸的检查观测是为了能够经常了解水闸各部位的技术状况，从而分析判断工程安全情况和承担任务的能力。工程检查可分为经常检查、定期检查、特别检查与安全鉴定。水闸的观测要按设计要求和技术规范进行，主要观测项目有水闸上、下游水位，过闸流量，上、下游河床变形等。

对水闸的土石方、混凝土结构、闸门、启闭机、动力设备、通信照明及其他附属设施都要进行经常性的养护，发现缺陷及时修理。按照工作量大小和技术复杂程度，养护修理工作可分为四种，即经常性养护维修、岁修、大修和抢修。经常性养护维修是保持工程设备完整清洁的日常工作，按照规章制度、技术规范进行；岁修是指每年汛后针对较大缺陷，按照所编制的年度岁修计划进行的工程整修和局部改善工作；大修是指工程发生较大损坏后而进行的修复工作和陈旧设备的更换工作，一般工作量较大，技术比较复杂；抢修是指在工程重要部位出现险情时进行的紧急抢救工作。

为了提高工程管理水平，需要不断改进观测技术，完善观测设备和提高观测精度；研究采用各种养护修理的新技术、新设备、新材料、新工艺。随着工程的逐年老化，要研究采用增强工程耐久性和进行加固的新技术，延长水闸的使用年限。

第三节 土石坝与混凝土坝渗流监测

一、土石坝监测

（一）测压管法测定土石坝浸润线

测压管法是在坝体选择有代表性的横断面，埋设适当数量的测压管，通过测量测压管中的水位来获得浸润线位置的一种方法。

1. 测压管布置

土石坝浸润线观测的测点应根据水库的重要性和规模大小、土坝类型、断面型式、坝基地质情况以及防渗、排水结构等进行布置。一般选择有代表性、能反映主要渗流情况以及预计有可能出现异常渗流的横断面，作为浸润线观测断面。例如，选择最大坝高、老河床、合龙段以及地质情况复杂的横断面。在设计时进行浸润线计算的断面，最好也作为观测断面，以便与设计进行比较。横断面间距一般为 100～200m，如果坝体较长、断面情况大体相同，可以适当增大间距。对一般大型和重要的中型水库，浸润线观测断面不少于 3 个，一般中型水库应不少于 2 个。

每个横断面内测点的数量和位置，以能使观测成果如实地反映出断面内浸润线的几何形状及其变化，并能描绘出坝体各组成部位如防渗排水体、反滤层等处的渗流状况。要求每个横断面内的测压管数量不少于 3 根。

2. 测压管的结构

测压管长期埋设在坝体内，要求管材经久耐用。常用的有金属管、塑料管和无砂混凝土管。无论哪种测压管均由进水管、导管和管口保护设备三部分组成。

（1）进水管。

常用的进水管直径为 38～50mm，下端封口，进水管壁钻有足够数量的进水孔。对埋设于黏性土中的进水管，开孔率为 15% 左右；对砂性土，开孔率为 20% 左右。孔径一般为 6mm 左右，沿管周分布 4～6 排，呈梅花形排列。管内壁缘毛刺要打光。

进水管要求能进水且滤土。为防止土粒进入管内，需在管外周包裹两层钢丝布、玻璃丝布或尼龙丝布等不易腐烂变质的过滤层，外面再包扎棕皮等作为第二过滤层，最外边包两层麻布，然后用尼龙绳或铅丝缠绕扎紧。

进水管的长度：对一般土料与粉细砂，应设计最高浸润线以上 0.5m 至最低浸润线以下 1m，对粗粒土，则不短于 3m。

（2）导管。

导管与进水管连接并伸出坝面，连接处应不漏水，其材料和直径与进水管相同，但管壁不钻孔。

（3）管口保护设备。

护测压管不受人为破坏，防止雨水、地表水流入测压管内或沿侧压管外壁渗入坝体，避免石块和杂物落入管中，堵塞测压管。

3. 测压管的安装埋设

测压管一般在土石坝竣工后钻孔埋设，只有水平管段的 L 形测压管必须在施工期埋设。首先钻孔，再埋设测压管，最后进行注水试验，以检查是否合格。

（1）钻孔注意事项。

测压管长度小于 10m 的，可用人工取土器钻孔，长度超过 10m 的测压管则需用钻机钻孔。用人工取土器钻孔前，应将钻头埋入土中一定的深度（0.5m）后，再钻进。若钻进中遇有石块确实不易钻动时，应取出钻头，并以钢钎将石块捣碎后再钻。若钻进深度不大时，可更换位置再钻。钻机一般在短时间内即能完成钻孔，如短期内不易塌孔，可不下套管，随即埋设测压管。若在沙壤土或沙砾料坝体中钻孔，为防止孔壁坍塌，可先下套管，在埋好测压管后将套管拔出，或者采用管壁钻了小孔的套管，万一套管拔不出来也不会使测压管作废。建议钻孔采用麻花钻头干钻，尽量不用循环水冲孔钻进，以免钻孔水压对坝体产生扰动破坏及可能产生裂缝。钻孔的终孔直径应不小于 110mm，以保证进水段管壁与孔壁之间有一定空隙，能回填洗净的干砂。

（2）埋设测压管注意事项。

在埋设前对测压管应做细致检查，进水管和导管的尺寸与质量应合乎设计要求，检查后应做记录。管子分段接头可采用接箍或对焊。在焊接时应将管内壁的焊疤打去，以避免由于焊接使管内径缩小，造成测头上下受阻。管子分段连接时，要求管子在全长内保持顺直。测压管全部放入钻孔后，进水管段管壁与孔壁之间应回填粒径约为 0.2mm 的洗净的干砂。导管段管壁与孔壁之间应回填黏土并夯实，以防雨水沿管外壁渗入。由于管与孔壁之间间隙小，回填松散黏土往往难以达到防水效果，导管外壁与钻孔之间可回填事先制备好的膨胀黏土泥球，直径 1～2cm，每填 1m，注入适觉稀泥浆水，以浸泡黏土球使之散开膨胀，封堵孔壁。测压管埋设后，应及时做好管口保护设备，记录埋设过程，绘制结构图，最后将埋设处理情况以及有关影响因素记录在考证表内。

（3）测压管注水试验检查。

测压管埋设完毕后，要及时作注水试验，以检验灵敏度是否合格。试验前先最出管中水位，然后向管中注入清水。在一般情况下，土料中的测压管，注入相当于测压管中 3～5m 长体积的水；沙砾料中的测压管，注入相当于测压管中 5～10m 长体积的水。注入后测量水面高程，以后再经过 5min、10min、15min、20min、30min、60min 后各测量水位一次，以后间隔时间适当延长，测至降到原水位为止。记录测量结果，并绘制水位下降过程线，作为原始资料。对黏壤土，测压管水位如果 5 昼夜内降至原来水位，认为是合格的；对沙壤土，水位一昼夜降到原来水位，认为合格。对沙砾料，如果在 12h 内降到原来水位，或灌入相应体积的水而水位升高不到 3～5m，认为是合格的。

（二）渗流观测资料的整理与分析

1. 土石坝渗流变化规律

土石坝渗流在运用过程中是不断变化的。引起渗流变化的原因，一般有水库水位发生变化、坝体的不断固结、坝基沉陷、泥沙产生淤积、土石坝出现病害。其中，前四种原因引起的渗流变化属于正常现象，其变化具有一定的规律性：一是测压管水位和渗流量随库水位的上升而增加，随库水位的下降而减少；二是随着时间的推移，由于坝体固结、坝基沉陷、泥沙淤积等原因，在相同的库水位条件下，渗流观测值趋于减小，最后达到稳定。当土石坝产生坝体裂缝、坝基渗透破坏、防渗或排水设施失效、白蚁等生物破坏或含在土中的某些物质被水溶出等病害时，其渗流就不符合正常渗流规律，出现各种异常渗流现象。

2. 坝身测压管资料的整理和分析

（1）绘制测压管水位过程线。

以时间为横坐标，以测压管水位为纵坐标，绘制测压管水位过程线。为便于分析相关因素的影响，在过程线图上还应同时绘出上下游水位过程线、雨量分布线。

饱和土体中测压管水位的滞后时间主要取决于测压管容积充水及放水时间。管径越大，管内充水或放水时间越长，滞后时间也越长。为了减小滞后时间，宜选用较小直径的测压管。实际上，坝基测压管水位的滞后时间主要取决于其自身充放水时间。非饱和土体内测压管水位的滞后时间主要是由非饱和土体孔隙充水时间所引起的，远较饱和土体中测压管容积充水时间长。实际上，坝身测压管水位的滞后时间的绝大部分是由非饱和土体充水时间或饱和土体放水时间所引起的。

由于坝身测压管有较明显的滞后时间，因此就不能用同一时刻的上下游水位和管水位进行比较，这就给资料分析带来麻烦。为此，需首先估计"滞后时间"，用以消除对测压管水位的影响。其次，滞后时间的长短也可作为分析坝的渗流状态的一项参考指标。一般来说，密实、透水性弱的坝体滞后时间长，而较松散、土料透水性强的坝体则滞后时间较短。

（2）实测浸润线与设计浸润线对比分析。

土坝设计的浸润线都是在固定水位（如正常高水位、设计洪水位）的前提下计算出来的。而在运用中，一般情况下正常高水位或设计洪水位维持时间极短，其他水位也变化频繁。因此，设计水位对应时刻的实测浸润线并非对应于该水位时的浸润线，如果库水位上升达到高水位，则在高水位下的比较往往出现"实测浸润线低于设计浸润线"；相反，用低水位的观测值比较，又会出现"实测浸润线高于设计浸润线"。事实上，只有库水位达到设计库水位并维持才可能直接比较，或者设法消除滞后时间的影响，否则很难说明问题。

二、混凝土坝渗流监测

（一）混凝土坝压力监测

混凝土坝的筑坝材料不是松散体，不必担心发生流土和管涌，因此坝体内部的渗流压力监测没有土石坝那么重要，除了为监测水平施工缝设置少量渗压计外，一般很少埋设坝体内部渗流压力监测仪器。对混凝土坝特别是混凝土重力坝而言，大坝是靠自身的重力来维持坝体稳定的，从坝工设计到水库安全管理通常担心坝体与基础接触部位的扬压力，这是因为扬压力的增加等于减少了坝体自身的重量，也减少了坝体的抗滑稳定性，因此，混凝土坝渗流压力监测重点是监测坝体和坝基接触部位的扬压力以及绕坝渗流压力。

1. 坝基扬压力监测

混凝土坝坝基扬压力监测的一般要求为：
（1）坝基扬压力监测断面应根据坝型、规模、坝基地质条件和渗控措施等进行布置。一般设1～2个纵向监测断面，一、二级坝的横向监测断面不少于3个。（2）纵向监测断面以布置在第一道排水幕线上为宜，每个坝段至少设1个测点；坝基地质条件复杂时，测点应适当增加，遇到强透水带或透水性强的大断层时，可在灌浆帷幕和第一道排水幕之间增设测点。（3）横向监测断面通常布置在河床坝段、岸坡坝段、地质条件复杂的坝段以及灌浆帷幕转折的坝段。支墩坝的横向监测断面一般设在支墩底部。每个断面设3～4个测点，地质条件复杂时，可适当加密测点。测点通常布置在排水幕线上，必要时可在灌浆帷幕前布少量测点，当下游有帷幕时，在其上游侧也应布置测点，防渗墙或板桩后也要设置测点。（4）在建基面以下扬压力观测孔的深度不宜大于1m，深层扬压力观测孔在必要时才设置。扬压力观测孔与排水孔不能相互替代使用。（5）当坝基浅层存在影响大坝稳定的软弱带时，应增加测点。测压管进水段应埋在软弱带以下0.5～1m的岩体中，并做好软弱带处进水管外围的止水，以防止下层潜水向上渗漏。（6）对地质条件良好的薄拱坝，经论证可少作或不作坝基扬压力监测。（7）坝基扬压力监测的测压管有单管式和多管式两种，可选用金属管或硬塑料管。进水段必须保证渗漏水能顺利地进入管内。当可能发生塌孔或管涌时，应增设反滤装置。管口有压时，安装压力表；管口无压时，安装保护盖，也可在管内安装渗压计。

2. 坝基扬压力监测布置

坝基扬压力监测布置通常需要考虑坝的类型、高度坝基地质条件和渗流控制工程特点等因素，一般是在靠近坝基的廊道内设测压管进行监测。纵向（坝轴线方向）通常需要布置1～2个监测断面，横向（垂直坝轴线方向）对一级或二级坝至少布置3个监测断面。

纵向监测量主要的监测断面通常布置在第一道排水帷幕线上，每个坝段设一个测点；若地质条件复杂，测点数应适当增加，遇大断层或强透水带时，在灌浆帷幕和第一道排水幕之间增设测点。

横向监测断面选择在最高坝段、地质条件复杂的谷岸台地坝段及灌浆帷幕转折的坝段。横断面间距一般为50～100m。坝体较长、坝体结构和地质条件大体相同，可适当加大横断面间距。横断面上一般设3～4个测点，若地质条件复杂，测点应适当增加。若坝基为透水地基，如沙砾石地基，当采用防渗墙或板桩进，防渗加固处理时，应在防渗墙或板桩后设测点，以监测防渗效果。当有下游帷幕时，应在帷幕的上游侧布置测点。另外也可在帷幕前布置测点，进一步监测帷幕的防渗效果。

坝基若有影响大坝稳定的浅层软弱带，应增设测点。如采用测压管监测，测压管的进水管段应设在软弱带以下0.5～1m的基岩中，同时应做好软弱带导水管段的止水，防止下层潜水向上渗漏。

(二) 渗流量监测

当渗流处于稳定状态时，渗流量大小与水头差之间保持固定的关系。当水头差不变而渗流量显著增加或减少时，则意味着渗流出现异常或防渗排水措施失效。因此，渗流量监测对判断渗流和防渗排水设施是否正常具有重要的意义，是渗流监测的重要项目之一。

1. 渗流量监测设计

渗流量监测是渗流监测的重要内容，它直观反映了坝体或其他防渗系统的防渗效果，历史上很多失事的大坝也都是先从渗流量突然增加开始的，因此渗流量监测是非常重要的监测项目。

渗流量设施的布置，可根据坝型和坝基地质条件、渗流水的出流和汇集条件等因素确定。对土石坝，通常在大坝下游能够汇集渗流水的地方设置集水沟和量水设备，集水沟及量水设备应布置在不受泄水建筑物泄洪影响以及坝面和两岸雨水排泄影响的地方。将坝体、坝基排水设施的渗水集中引至集水沟，在集水沟出口进行观测。也可以分区设置集水沟进行观测，最后汇至总集水沟观测总渗流量。混凝土坝渗流量的监测可在大坝下游设集水沟，而坝体渗水由廊道内的排水沟引至排水井或集水井观测渗流量。

2. 渗流量监测方法

常用的渗流量监测方法有容积法、测流速法，可根据渗流量的大小和汇集条件选用。

（1）容积法。

适用渗流量小于 1L/s 的渗流监测。具体监测时，可采用容器（如量筒）对一定时间内的渗水总量进行计量，然后除以时间就能得到单位时间的渗流量。如渗流量较大时，也可采用过磅称重的方法，对渗流量进行计量，同样可求出单位时间的渗流量。

（2）测流速法。

适用流量大于 300L/s 时的渗流监测。将渗流水引入排水沟，只要测量排水沟内的平均流速就能得到渗流量。

(三) 绕坝渗流监测

当大坝坝肩岩体的节理裂隙发育，或者存在透水性强的断层、岩溶和堆积层时，会产生较大的绕坝渗流。绕坝渗流不光影响坝肩岩体的稳定，而且对坝体和坝基的渗流状况也会产生不利影响。因此，对绕坝渗流进行监测是十分必要的。有关规范对绕坝渗流监测的一般规定如下。

绕坝渗流监测包括两岸坝端及部分山体、土石坝与岸坡或混凝土建筑物接触面以及防渗齿墙或灌浆帷幕与坝体或两岸接合部等关键部位。绕坝渗流监测的测点应根据枢纽布置、河谷地形、渗控措施和坝肩岩土体的渗透特性进行布置。绕渗监测断面宜沿着渗流方向或渗流较集中的透水层（带）布置，数量一般为 2～3 个，每个监测断面上布置 3～4 条观测铅直线（含渗流出口）。如需分层观测时，应做好层间止水。土工建筑物与刚性建筑物接合部的绕渗观测，应在对渗流起控制作用的接触轮廓线处设置观测铅直线，沿接触面不同高程布设观测点。岸坡防渗齿槽和灌浆帷幕的上下游侧应各设 1 个观测点。绕坝渗流观测的原理和方法与坝体、坝基的渗流观测相同，一般采用测压管或渗压计进行观测，测压管和渗压计应埋设于死水位或筑坝前的地下水位之下。

　　绕坝渗流的测点布置应根据地形、枢纽布置、渗流控制设施及绕坝渗流区渗透特性而定。在两岸的帷幕后沿流线方向分别布置 2～3 个监测断面，在每个断面上布置 3～4 个测点。帷幕前可布置少量测点。

　　对层状渗流，可利用不同高程上的平洞布置监测孔。无平洞时，可分别将监测孔钻入各层透水带，至该层天然地下水位以下一定深度，一般为 1m，必要时可在一个孔内埋设多管式测压管，但必须做好上下两测点间的隔水措施，防止层间水相通。

第八章　水利工程合同管理

第一节　合同管理与水利施工合同

一、合同管理

（一）合同的概念与特征

1. 合同的概念

合同又称契约，是当事人之间确立一定权利义务关系的协议。广泛的合同，泛指一切能发生某种权利义务关系的协议。我国于 2021 年 1 月 1 日开始实施的《中华人民共和国民法典》中，对合同的主体及权利义务的范围都作了限定，即合同是平等主体之间确立民事权利义务关系的协议。采用了狭义的合同概念。

建设工程合同是承包方与发包方之间确立承包方完成约定的工程项目，发包方支付价款与酬金的协议，它包括工程勘察、设计、施工合同。它是《中华人民共和国民法典》中记名合同的一种，属于《中华人民共和国民法典》调整的范围。

计划经济期间，所有建设工程项目都由国家调控，工程建设中的一切活动均由政府统筹安排，建设行为主体都按政府指令行事，并只对政府负责。行为主体之间并无权利义务关系存在，所以，也无须签订合同。但在市场经济条件下，政府只对工程建设市场进行宏观调控，建设行为主体均按市场规律平等参与竞争，各行为主体的权利义务皆由当事人通过签订合同自主约定。因此，建设工程合同成为明确承包方和发包方双方责任、保证工程建设活动得以顺利进行的主要调控手段之一，其重要性已随着市场经济体制的进一步确立而日益明显。

需要指出的是，除建设工程合同以外，工程建设过程中，还会涉及许多其他合同，如设备、材料的购销合同，工程监理的委托合同，货物运输合同，工程建设资金的借贷合同，机械设备的租赁合同，保险合同等，这些合同同样也是十分重要的。它们分属各个不同的合同种类，分别由《中华人民共和国民法典》和相关法规加以调整。

2. 合同法的法律特征。

（1）合同的主体是经济法律认可的自然人，法人和其他组织。自然人包括我国公民和外国自然人，其他组织包括个人独资企业、合伙企业等。

（2）合同当事人的法律地位平等。合同是当事人之间意思表示一致的法律行为，只有合同各方的法律地位平等时，才能保证当事人真实地表达自己的意志。所谓平等，是指当事人在合同关系中法律地位是平等的，不存在谁领导谁的问题，也不允许任何一方将自己的意志强加于对方。

（3）合同是设立、变更、终止债权债务关系的协议。首先，合同是以设立、变更和终止债权债务关系为目的的；其次，合同只涉及债权债务关系；再次，合同之所以称为协议，是指当事人意思表示一致，即指当事人之间形成了合意。

（二）建设工程合同管理的概念

《中华人民共和国民法典》第十八章，第七百八十八条规定："建设工程合同是承包人进行工程建设，发包人支付价款的合同。建设工程合同包括工程勘察、设计、施工合同。"建设工程合同管理，指在工程建设活动中，对工程项目所涉及的各类合同的协商、签订与履行过程中所进行的科学管理工作，并通过科学的管理，保证工程项目目标实现的活动。

建设工程合同管理的目标主要包括工程的工期管理、质量与安全管理、成本（投资）管理、信息管理和环境管理。其中，工期主要包括总工期、工程开工与竣工日期、工程进度及工程中的一些主要活动的持续时间等；工程质量主要包括其在安全、使用功能及其在耐久性能、环境保护等个方面所有明显的、隐含的能力的特性总和。据此，可将建设工程质量概括为：根据国家现行的有关法律、法规、技术标准、设计文件的规定和合同的约定，对工程的安全、适用、经济、美观等特性的综合要求。工程成本主要包括合同价格、合同外价格、设计变更后的价格、合同的风险等。

（三）建设工程合同管理的原则

建设工程合同管理一般应遵循以下几个原则。

1. 合同第一位原则

在市场经济中，合同是当事人双方经过协商达成一致的协议，签订合同是双方的民事行为。在合同所定义的经济活动中，合同是第一位的，作为双方的高行为准则，合同限定和调节着双方的义务和权利。任何工程问题和争议首先都要按照合同解决，只有当法律判定合同无效，或争议超过合同范围时才按法律解决。所以在工程建设过程中，合同具有法律上的高优先地位。合同一经签订，则成为一个法律文件。双方按合同内容承担相应的法律责任，享有相应的法律权利。合同双方都必须用合同规范自己的行为，并用合同保护自己。

在任何国家，法律确定经济活动的约束范围和行为准则，而具体经济活动的细节则由合同规定。

2. 合同自愿原则

合同自愿是市场经济运行的基本原则之一，也是一般国家的法律准则。合同自愿体现在以下两个方面：

（1）合同签订时，双方当事人在平等自愿的条件下进行商讨。双方自由表达意见，自己决定签订与否，自己对自己的行为负责。任何人不得利用权力、暴力或其他手段向对方当事人进行胁迫，以致签订违背当事人意愿的合同。

（2）合同自愿构成。合同的形式、内容、范围由双方商定。合同的签订、修改、变更、补充和解释，以及合同争执的解决等均由双方商定，只要双方一致同意即可，他人不得随便干预。

3. 合同的法律原则

建设工程合同都是在一定的法律背景条件下签订和实施的，合同的签订和实施必须符合合同的法律原则。它具体体现在以下三个方面：

（1）合同不能违反法律，合同不能与法律相抵触，否则合同无效。这是对合同有效性的控制。

（2）合同自由原则受法律原则的限制，所以工程实施和合同管理必须在法律所限定的范围内进行。超越这个范围，触犯法律，会导致合同无效、经济活动失败，甚至会带来承担法律责任的后果。

（3）法律保护合法合同的签订和实施。签订合同是一个法律行为，合同一经签订，合同以及双方的权益即受法律保护。如果合同一方不履行或不正确履行合同，致使对方利益受到损害，则不履行一方必须赔偿对方的经济损失。

4. 诚实信用原则

合同的签订和顺利实施应建立在承包商、业主和工程师紧密协作、互相配合、互相信任的基础上，合同各方应对自己的合作伙伴、合同及工程的总目标充满信心，业主和承包商才能圆满地执行合同，工程师才能正确地、公正地解释和进行合同管理。在工程建设实施过程中，各方只有互相信任才能紧密合作，才能有条不紊地工作，才可以从总体上减少各方心理上的互相提防和由此产生的不必要的互相制约。这样，工程建设就会更为顺利地实施，风险和误解就会较少，工程花费也会较少。

诚实信用有以下一些基本的要求和条件：

（1）签约时双方应互相了解，任何一方应尽力让对方正确地了解自己的要求、意图及其他情况。业主应尽可能地提供详细的工程资料、工程地质条件的信息，并尽可能详细地解答承包商的问题，为承包商的报价提供条件。承包商应尽可能地提供真实可靠的资格预审资料、各种报价单、实施方案、技术组织措施文件。合同是双方真实意思的表达。

（2）任何一方都应真实地提供信息，对所提供信息的正确性负责，并且应当相信对方提供的信息。

（3）不欺诈，不误导。承包商按照自己的实际能力和情况正确报价，不盲目压价，并且明确业主的意图和自己的工程责任。

（4）双方真诚合作。承包商应正确全面地履行合同义务，积极施工，遇到干扰应尽量避免业主遭受损失，防止损失的发生和扩大。

（5）在市场经济中，诚实信用原则必须有经济的、合同的甚至是法律的措施，如工程保函、保留金和其他担保措施，对违约的处罚规定和仲裁条款，法律对合法合同的保护措施，法律和市场对不诚信行为的打击和惩罚措施等予以保证。没有这些措施保证或措施不完备，就难以形成诚实信用的氛围。

5. 公平合理原则。建设工程合同调节双方的合同法律关系，应不偏不倚，维护合同双方在工程建设中的公平合理的关系。具体表现在以下几个方面

（1）承包商提供的工程（或服务）与业主支付的价格之间应体现公平的原则，这种公平通常以当时的市场价格为依据。

（2）合同中的责任和权力应平衡，任何一方有一项责任就必须有相应的权力；反之，有权力就必须有相应的责任。应无单个方面的权利和单个方面的义务条款。

（3）风险的分担应公平合理。

（4）工程合同应体现工程惯例。工程惯例是指建设工程市场中通常采用的做法，一般比较公平合理，如果合同中的规定或条款严重违反惯例，往往就违反了公平合理的原则。

（5）在合同执行中，应对合同双方公平地解释合同，统一地使用法律尺度来约束合同双方。

二、水利施工合同

（一）施工合同

1. 施工合同的概念

水利工程施工合同，是发包人与承包人为完成特定的工程项目，明确相互权利、义务关系的协议，它的标的是建设工程项目。按照合同规定，承包人应完成项目施工任务并取得利润，发包人应提供必要的施工条件并支付工程价款而得到工程。

施工合同管理是指水利建设主管机关、相应的金融机构，以及建设单位、监理单位、承包企业依照法律和行政法规、规章制度，采取法律的、行政的手段，对施工合同关系进行组织、指导、协调和监督，保护施工合同当事人的合法权益，处理施工合同纠纷，防止

和制裁违法行为，保证施工合同法规的贯彻实施等一系列活动。施工合同管理的目的是约束双方遵守合同规则，避免双方责任的分歧以及不严格执行合同而造成的经济损失。施工合同管理的作用主要体现在：一是可以促使合同双方在相互平等、诚信的基础上依法签订切实可行的合同；二是有利于合同双方在合同执行过程中相互监督，确保合同顺利实施；三是合同中明确规定了双方具体的权利与义务，通过合同管理确保合同双方严格执行；四是通过合同管理，增强合同双方履行合同的自觉性，使合同双方自觉遵守法律规定，共同维护当事人双方的合法权益。

2. 监理人对施工合同的管理

（1）在工期管理个方面。

按合同规定，要求承包人提交施工总进度计划，并在规定的期限内批复，经批准的施工总进度计划（称合同进度计划），作为控制工程进度的依据，并据此要求承包人编制年、季和月进度计划，并加以审核；按照年、季和月进度计划进行实际检查；分析影响进度计划的因素，并加以解决；不论何种原因发生工程的实际进度与合同进度计划不符时，要求承包人提交一份修订的进度计划，并加以审核；确认竣工日期的延误等。

（2）在质量管理个方面。

检验工程使用的材料、设备质量；检验工程使用的半成品及构件质量；按合同规定的规范、规程，监督检验施工质量；按合同规定的程序，验收隐蔽工程和需要中间验收工程的质量；验收单项竣工工程和全部竣工工程的质量等。

（3）在费用管理个方面。

严格对合同约定的价款进行管理；对预付工程款的支付与扣还进行管理；对工程进行计量，对工程款的结算和支付进行管理；对变更价款进行管理；按约定对合同价款进行调整，办理竣工结算；对保留金进行管理等。

（二）施工合同的分类

1. 施工合同的分类

（1）总价合同。

总价合同是发包人以一个总价将工程发包给承包人，当招标时有比较详细的设计图纸、说明书及能准确算出工程量时，可采取这种合同，总价合同又可分为以下三种类型。

①固定总价合同。合同双方以图纸和工程说明为依据，按商定的总价进行承包，除非发包人要求变更原定的承包内容，否则承包人不得要求变更总价。这种合同方式一般适用于工程规模较小，技术不太复杂，工期较短，且签订合同时已具备详细的设计文件的情况。对承包人来说可能有物价上涨的风险，报价时因考虑这种风险，故报价一般较高。

②可调价总价合同。在投标报价及签订施工合同时，以设计图纸、"工程量清单"及当时的价格计算签订总价合同。但合同条款中商定，如果通货膨胀引起工料成本增加时，

合同总价应相应调整。这种合同发包人承担了物价上涨风险，这种计价方式适用于工期较长，通货膨胀率难以预测，现场条件较为简单的工程项目。

③固定工程量总价合同。承包人在投标时，按单价合同，分别填报分项工程单价，从而计算出总价，据之签订合同，完工后，如增加了工程量，则用合同中已确定的单价来计算新的工程量和调整总价，这种合同方式，要求"工程量清单"中的工程量比较准确。合同中的单价不是成品价，单价中不包括所有费用。

（2）单价合同。

①估计工程量单价合同。承包人投标时，按工程量表中的估计工程量为基础，填入相应的单价为报价。合同总价是估计工程量乘单价，完工后，单价不变，工程量按实际工程量。这种合同形式适用于招标时难以准确确定工程量的工程项目，这里的单价是成品价，与上面提到的单价不同。

这种合同形式的优点是，可以减少招标准备工作；发包人按"工程量清单"开支工程款，减少了意外开支；能鼓励承包人节约成本；结算简单。缺点是对某些不易计算工程量的项目或工程费应分摊在许多工程的复杂工程项目，这种合同易引起争议。

②纯单价合同。招标文件只向投标人给出各分项工程内的工作项目一览表，工程范围及必要的说明，而不提供工程量，承包人只要给出单价，将来按实际工程量计算。

（3）实际成本加酬金合同。

按实报实销加事先商定的酬金确定造价，这种合同适合于工程内容及技术经济指标未能完全确定，不能提出确切的费用而又急于开工的工程；或是工程内容可能有变更的新型工程；以及施工把握不大或质量要求很高，容易返工的工程。缺点是发包人难以对工程总造价进行控制，而承包人也难以精打细算节约成本，所以此种合同采用较少。

（4）混合合同。

即以单价合同为主，以总价合同为辅，主体工程用固定单价，小型或临时工程用固定总价。

水利工程中由于工期长，常使用单价合同。在FIDIC条款中，是采取单位单价方式，即按各项工程的单价进行结算。这种结算方式的特点是尽管工程项目变化，承包人获得的总金额随之变化，但单位单价不变，整个工程施工及结算中保持同一单价。

2. 施工合同类型的选择

水利工程项目选用哪种合同类型，应根据工程项目特点、技术经济指标、招标设计深度，以及确保工程成本、工期和质量的要求等因素综合考虑后决定。

（1）根据项目规模、工期及复杂程度。

对中小型水利工程一般可选用总价合同，对规模大、工期长且技术复杂的大中型工程项目，由于施工过程中可能遇到的不确定因素较多，通常采用单价承包合同。

（2）根据工程设计明确程度。

对施工图设计完成后进行招标的中小型工程可以采用总价合同。对建设周期长的大型复杂工程，往往初步设计完成后就开始施工招标，由于招标文件中的工作内容详细程度不够，投标人据以报价的工程量为预计量值，一般应采用单价合同。

（3）根据采用先进施工技术的情况。

如果发包的工作内容属于采用没有可遵循规范、标准和定额的新技术或新工艺施工，较为保险的做法是采用成本加酬金合同。

（4）根据施工要求的紧迫程度。

某些紧急工程，特别是灾后修复工程，要求尽快开工且工期较紧。此时可能仅有实施方案，还没有设计图纸。由于不可能让承包人合理地报出承包价格，只能采用成本加酬金合同。

（三）施工合同文件的组成

施工合同文件是施工合同管理的依据，根据 CF—2000—0208《水利水电土建工程施工合同条件》》（示范文本），它由如下部分组成：

（1）协议书（包括补充协议）；

（2）中标通知书；

（3）投标报价书；

（4）专用合同条款；

（5）通用合同条款；

（6）技术条款；

（7）图纸；

（8）已标价的《工程量清单》；

（9）经双方确认进入合同的其他文件。

组成合同的各项文件应互相解释，互为说明。当合同文件出现含糊不清或不一致时，由监理人做出解释。除合同另有规定外，解释合同文件的优先顺序规定在专用合同条款内。

施工合同示范文本分通用合同条款和专用合同条款两部分，通用合同条款共计60条，内容涵盖了合同中所涉及的词语含义、合同文件、双方的一般义务和责任、履约担保、监理人和总监理工程师、联络、图纸、转让和分包、承包人的人员及其管理、材料和设备、交通运输、工程进度、工程质量、文明施工、计量与支付、价格调整、变更，违约和索赔、争议的解决、风险和保险、完工与保修等，一般应全文引用，不得更动；专用合同条款应按其条款编号和内容，根据工程实际情况进行修改和补充。凡列入中央和地方建设计划的大中型水利水电土建工程应使用施工合同示范文本，小型水利、水电、土建工程可参照使用。

第二节　施工合同控制与FIDIC合同条件

一、施工合同分析与控制

（一）施工合同分析

1. 在一个水利枢纽工程中，施工合同往往有几份、十几份甚至几十份，各合同之间相互关联。

2. 合同文件和工程活动的具体要求（如工期、质量、费用等）、合同各方的责任关系、事件和活动之间的逻辑关系错综复杂。

3. 许多参与工程的人员所涉及的活动和问题仅为合同文件的部分内容，因此合同管理人员应对合同进行全面分析，再向各职能人员进行合同交底以提高工作效率。

4. 合同条款的语言有时不够明了，必须在合同实施前进行分析，以方便进行合同的管理工作。

5. 在合同中存在的问题和风险包括合同审查时已发现的风险和还可能隐藏着的风险，在合同实施前有必要作进一步的全面分析。

6. 在合同实施过程中，双方会产生许多争执，要解决这些争执也必须对合同进行分析。

（二）合同分析的内容

1. 合同的法律背景分析

分析合同签订和实施所依据的法律法规，承包人应了解适用于合同的法律的基本情况（范围、特点等），指导整个合同实施和索赔工作，对合同中明示的法律要重点分析。

2. 合同类型分析

类型不同的合同，其性质、特点、履行方式不一样，双方的责任、权力关系和风险分担也不一样。这直接影合同双方的责任和权力的划分，影响工程施工中合同的管理和索赔。

3. 承包人的主要任务分析

（1）承包人的责任，即合同标的。承包人的责任包括：承包人在设计、采购、生产、试验、运输、土建、安装、验收、试生产、缺陷责任期维修等个方面的责任；施工现场的管理责任；给发包人的管理人员提供生活和工作条件的责任等。

（2）工作范围。它通常由合同中的工程量清单、图纸、工程说明、技术规范定义。工作范围的界限应很清楚，否则会影响工程变更和索赔，特别是固定总价合同的工作范围。

（3）工程变更的规定。重点分析工程变更程序和工程变更的补偿范围。

4. 发包人的责任分析

发包人的责任分析主要是分析发包人的权力和合作责任。发包人的权利是承包人的合作责任，是承包人容易产生违约行为的地方；发包人的合作责任是承包人顺利完成合同规定任务的前提，同时又是承包人进行索赔的理由。

5. 合同价格分析

应重点分析合同采用的计价方法、计价依据、价格调整方法、合同价格所包括的范围及工程款结算方法和程序。

6. 施工工期分析

分析施工工期，合理安排工作计划，在实际工程中，工期拖延极为常见和频繁，对合同实施和索赔影响很大，要特别重视。

7. 违约责任分析

如果合同的一方未遵守合同规定，造成对方损失，则应受到相应的合同处罚。

违约责任分析主要分析以下几个方面的内容。

（1）承包人不能按合同规定的工期完成工程的违约金或承担发包人损失的条款。

（2）由于管理上的疏忽而造成对方人员和财产损失的赔偿条款。

（3）由于预谋和故意行为造成对方损失的处罚和赔偿条款。

（4）由于承包人不履行或不能正确履行合同责任，或出现严重违约时的处理规定。

（5）由于发包人不履行或不能正确履行合同责任，或出现严重违约时的处理规定，特别是对发包人不及时支付工程款的处理规定。

8. 验收、移交和保修分析

（1）验收。

验收包括许多内容，如材料和机械设备的进场验收、隐蔽工程验收、单项工程验收、全部工程竣工验收等。

在合同分析中，应对重要的验收要求、时间、程序以及验收所带来的法律后果作出说明。

（2）移交。

竣工验收合格即办理移交。应详细分析工程移交的程序，对工程尚存的缺陷、不足之处以及应由承包人完成的剩余工作，发包人可保留其权利，并指令承包人限期完成，承包人应在移交证书上注明的日期内尽快地完成这些剩余工程或工作。

（3）保修。

分析保修期限和保修责任的划分。

9. 索赔程序和争执解决的分析

重点分析索赔的程序、争执的解决方式和程序以及仲裁条款，包括仲裁所依据的法律、仲裁地点、方式和程序，仲裁结果的约束力等。

（三）合同控制

1. 预付款控制

预付款是承包工程开工以前业主按合同规定向承包人支付的款项。承包人利用此款项进行施工机械设备和材料以及在工地设置生产、办公和生活设施的开支。预付款金额的上限为合同总价的 1/5，一般预付款的额度为合同总价的 10%～15%。

预付款的实质是承包人先向业主提取的贷款，是没有利息的，在开工以后是要从每期工程进度款中逐步扣除还清的。通常对预付款，业主要求承包商出具预付款保证书。

工程合同的预付款，按世界银行采购指南规定分为以下几种。

（1）调遣预付款：用作承包商施工开始后的费用开支，包括临时设施、人员设备进场、履约保证金等费用。

（2）设备预付款：用于购置施工设备。

（3）材料预付款：用于购置建筑材料。其数额一般为该材料发票价的 75% 以下，在月进度付款凭证中办理。

2. 工程进度款

工程进度款是承包商依据工程进度的完成情况，不仅要计算工程量所需的价格，还需要计算增加或者扣除相应的项目款才为每月所需的工程进度款。此款项一般需要承包商尽早向监理工程师提交该月已完工程量的进度款付款申请，按月支付，是工程价款的主要部分。

承包商要核实投标及变更通知后报价的计算数字是否正确、核实申请付款的工程进度情况及现场材料数量，已完工工程量，项目经理签字后交驻地监理工程师审核，驻地监理工程师批准后转交业主付款。

3. 保留金

保留金也称滞付金，是承包商履约的另一种保证，通常是从承包商的进度款中扣下一定百分比的金额,以便在承包商违约时起补偿作用。在工程竣工后,保留金应在规定的时间内退还给承包商。

4. 浮动价格计算

外界环境的变化如人工、材料、机械设备价格会直接影响承包商的施工成本。假若在合同中不对此情况进行考虑,按固定价格进行工程价格计算的话,承包商就会为合同中未来的风险而进行费用的增加,如果合同规定不按浮动价格计算工程价格,承包商就会预测到由合同期内的风险而增加费用,该费用应计入标价中。一般来说,短期的预测结果还是比较可靠的,但对远期预测就可能很不准确,这就造成承包商不得不大幅度提高标价以避免未来风险带来的损失。这种做法难以正确估计风险费用,估计偏高或偏低,无论是对业主和承包商来说都是不利的。为获得一个合理的工程造价,工程价款支付可以采用浮动价格的方法来解决。

5. 结算

当工程接近尾声时要进行大量的结算工作。同一合同中包含需要结算的项目不止一个,可能既包括按单价计价项目,又包括按总价付款项目。当竣工报告已由业主批准,该项目已被验收时,该建筑工程的总款额就应当立即支付。按单价结算的项目,在工程施工已按月进度报告付过进度款,由现场监理人员对当时的工程进度工程量进行核定,核定承包人的付款申请并付了款,但当时测定的工程量可能准确也可能不准确,所以该项目完工时应由一支测量队来测定实际完成的工程量,然后按照现场报告提供的资料,审查所用材料是否该付款,扣除合同规定已付款的用料量,成本工程师则可标出实际应当付款的数量。承包人自己的工作人员记录的按单价结算的材料使用情况与工程师核对,双方确认无误后支付项目的结算款。

(四)发包人违约

1. 违约行为

发包人应当按合同约定完成相应的义务。如果发包人不履行合同义务或不按合同约定履行义务,则应承担相应的违约责任。发包人的违约行为包括:

(1) 发包人不按合同约定按时支付工程预付款;

(2) 发包人不按合同约定支付工程进度款,导致施工无法进行;

(3) 发包人无正当理由不支付工程竣工结算价款;

(4) 发包人不履行合同义务或者不按合同约定履行义务的其他情况。

发包人的违约行为可以分成两类:一类是不履行合同义务,如发包人应当将施工所需的水、电、电讯线路从施工场地外部接至约定地点,但发包人没有履行该项义务,即构成违约;另一类是不按合同约定履行义务,如发包人应当开通施工场地与城乡公共道路的通道,并在专用条款中约定了开通的时间和质量要求,但实际开通的时间晚于约定时间或质量低于合同约定,这种情况也构成违约。

2. 违约责任

合同约定应该由工程师完成的工作,工程师没有完成或没有按照约定完成,给承包人造成损失的,也应当由发包人承担违约责任。因为工程师是代表发包人进行工作的,其行为与合同约定不符时,视为发包人的违约。发包人承担违约责任后,可以根据监理委托合同追究监理单位相应的责任。

发包人承担违约责任的方式有以下四种。

(1) 赔偿因其违约给承包人造成的经济损失。

赔偿损失是发包人承担违约责任的主要方式,其目的是补偿因违约给承包人造成的经济损失。承包人、发包人双方应当在专用条款内约定发包人赔偿承包人损失的计算方法。损失赔偿额应当相当于因违约所造成的损失,包括合同履行后可以获得的利益,但不得超过发包人在订立合同时预见或者应当预见到的因违约可能造成的损失。

(2) 支付违约金。

支付违约金的目的是补偿承包人的损失,双方在专用条款中约定发包人应当支付违约金的数额或计算方法。

(3) 顺延延误的工期。

对因为发包人违约而延误的工期,应当相应顺延。

(4) 继续履行。

发包人违约后,承包人要求发包人继续履行合同的,发包人应当在承担上述违约责任后继续履行施工合同。

(五) 承包人违约

1. 违约的情况

承包人的违约行为主要有以下三种情况:

(1) 因承包人原因不能按照协议书约定的竣工日期或者工程师同意顺延的工期竣工;

(2) 因承包人原因工程质量达不到协议书约定的质量标准;

(3) 承包人不履行合同义务或不按合同约定履行义务的其他情况。

2. 违约责任

承包人承担违约责任的方式有以下 4 种。

(1) 赔偿因其违约给发包人造成的损失。

承包人、发包人双方应当在专用条款内约定承包人赔偿发包人损失的计算方法。损失赔偿额应当相当于因违约所造成的损失，包括合同履行后可以获得的利益，但不得超过承包人在订立合同时预见或者应当预见到的因违约可能造成的损失。

(2) 支付违约金。

双方可以在专用条款中约定承包人应当支付违约金的数额或计算方法。发包人在确定违约金的费率时，一般要考虑以下因素：

①发包人盈利损失；

②由于工期延长而引起的贷款利息增加；

③工程拖期带来的附加监理费；

④由于本工程延期无法投入使用，租用其他建筑物时的租赁费。

至于违约金的计算方法，在每个合同文件中均有具体规定，一般按每延误1天赔偿一定的款额计算，累计赔偿额一般不超过合同总额的10%。

(3) 采取补救措施。

对施工质量不符合要求的违约，发包人有权要求承包人采取返工、修理、更换等补救措施。

(4) 继续履行。

承包人违约后，如果发包人要求承包人继续履行合同时，承包人承担上述违约责任后仍应继续履行施工合同。

（六）监理工程师职责

监理工程师在发包方与承包方订立的承包合同中属于独立的第三方，其职责由监理委托合同和承发包双方签订的承包合同中规定，主要职责是受项目法人委托对工程项目的质量、进度、投资、安全进行控制，对工程合同和项目信息进行管理，协调各方在合同履行过程中的各种关系，为顺利按计划实现工程建设目标而努力。监理工程师的主要职责包括以下方面。

按监理合同的规定协助发包方进行除监理招标以外的各项招标工作。如采用委托代理招标，则招标工作主要由招标代理机构负责。

按监理合同要求全面负责对工程的监督与管理，协调各承包方的关系，对合同文件进行解释（具体由监理合同明确），处理各方矛盾。

按合同规定权限向承包方发布开工令，发布暂停工程或部分工程施工的指示，发布复工令。审批由于发包方原因而引起的承包方的工期延误，核实承包方提前完工的时间。

负责核签和解释、变更、说明工程设计图纸，发出图纸变更命令，提供新的补充图纸，审批承包商提供的施工设计图、浇筑图和加工图。

得到发包方同意后，批准工程的分包。

有权要求撤换那些不能胜任本项目职责工作或行为不端或玩忽职守的承包方的任何人员。

有权检查承包方人员变动情况，可随时检查承包方人员上岗资料证明。

核查承包方进驻工地的施工设备，有权要求承包方增加和更换施工设备，批准承包方变更设备。

审批承包方提供的总进度计划，年度、季度和月进度计划或单位工程进度计划，审批赶工措施，修正进度计划，经发包方授权批准承包方延长完工期限。

审批承包方的质检体系，审查承包方的质量报表，有权对全部工程的所有部位及任何一项工艺、材料和工程设备进行检查和检验。

参与检查验收合同规定的各种材料和工程设备。

对隐蔽工程和工程的隐蔽部分进行验收。

指示承包方及时采取措施处理不合格的工程材料和工程设备。

按合同规定期限向承包方提交测量基准点、基准线和水准点及其书面资料，审批承包方的施工控制网。

批准或指示承包方进行必要的补充地质勘探。

检查、监督、指挥全工地的施工作业安全以及消防、防汛和抗灾等工作，审批承包方的安全生产计划。

审核和出具预付款证书，审核承包方每月提供的工程量报表和有关计量资料，核定承包方每月进度付款申请单，向发包发出具进度付款证书。

复核承包方提交的完工付款清单和最终付款申请单，或出具临时付款证书。

协调发包方与承包方因政策法规引起的价格调整的合同金额。

根据工程需要和发包方授权，指示承包方进行合同规定的变更内容（协调和调整合同价格超过15%时的调整金额。此项授权范围具体由招标文件和合同规定）。

指令承包方以计日工方式进行任何一项变更工作，批准动用备用金。

对承包方违约发出警告，责令承包方停工整顿，暂停支付工程款。

按合同规定处理承包方和发包方的违约纠纷和索赔事项。

审核承包方提交分部工程、单位工程和整体工程的完工验收申请报告并提出审核意见，根据发包方授权签署工程移交证书给承包方。

组织验收承包方在规定的保修期内应完成的日常维护和缺陷修复工作。根据发包方授权签署和颁发保修责任终止证书给承包方。

组织验收承包方按合同规定应完成的完工清场和撤退前需要完成的所有工作。

批准承包方提出的合理化建议。

监理委托合同中规定的监理工程师的其他权利以及在各种补充协议中发包方授权监理工程师行使的一切权利。

二、FIDIC 合同条件

（一）FIDIC 简介

FIDIC 是指国际咨询工程师联合会（Federation Internationale des Ingenieurs Conseils），它是由该联合会的五个法文词首组成的缩写词。国际咨询工程师联合会是国际上最具有权威性的咨询工程师组织，为规范国际工程咨询和承包活动，该组织编制了许多标准合同条件，其中 1957 年首次出版的 FIDIC 土木工程施工合同条件在工程界影响最大，专门用于国际工程项目，但在第 4 版时删去了文件标题中的"国际"一词，使 FIDIC 合同条件不仅适用于国际招标工程，只要把专用条件稍加修改，也同样适用于国内招标合同。采用这种标准的合同格式有明显的优点，它能合理平衡有关各方之间的要求和利益，尤其能公平地在合同各方之间分配风险和责任。

（二）施工合同文件的组成

构成合同的各个文件应被视作互为说明的。为解释之目的，各文件的优先次序如下：
（1）合同协议书；
（2）中标函；
（3）投标函；
（4）合同专用条件；
（5）合同通用条件；
（6）规范；
（7）图纸；
（8）资料表以及其他构成合同的一部分文件。

如果在合同文件中发现任何含混或矛盾之处，工程师可以颁布任何必要的澄清或指示。

（三）合同争议的解决

1. 解决合同争议的程序

首先由双方在投标队录中规定的日期前，联合任命一个争议裁决委员会（Dispute Adjudication Board，DAB）。

如果双方间发生了有关或起因于合同或工程实施的争议，任何一方可以将该争议以书面形式提交 DAB，并将副本送另一方和工程师，委托 DAB 做出决定。双方应按照 DAB 为对该争议做出决定可能提出的要求，立即给 DAB 提供所需的所有资料、现场进入权及相应的设施。

DAB 应在收到此项委托后 84 天内，提出它的决定。

如果任何一方对 DAB 的决定不满意，可以在收到该决定通知后 28 天内，将其不满向另一方发出通知。

在发出了表示不满的通知后，双方在仲裁前应努力以友好的方式解决争议，如果仍达不成一致，仲裁在表示不满的通知发出后 56 天内进行。

2. 争议裁决委员会

（1）争议裁决委员会的组成。签订合同时，业主与承包商通过协商组成裁决委员会。裁决委员会可选定为 1 名或 3 名成员，一般由 3 名成员组成，合同每一方应提名 1 名成员，由对方批准。双方应与这两名成员共同商定第三位成员，第三人作为主席。

（2）争议裁决委员会的性质。属于非强制性但具有法律效力的行为，相当于我国法律中解决合同争议的调解，但其性质则属于个人委托。成员应满足以下要求：

①对承包合同的履行有经验；

②在合同的解释个方面有经验；

③能流利地使用合同中规定的交流语言。

（3）工作。由于裁决委员会的主要任务是解决合同争议，因此不同于工程师，需要常驻工地。

①平时工作。裁决委员会的成员对工程的实施定期进行现场考察，了解施工进度和实际潜在的问题，一般在关键施工作业期间到现场考察，但两次考察的间隔时间不少于 140 天。离开现场前，应向业主和承包商交考察报告。

②解决合同争议的工作。接到任何一方的申请后，在工地或其他选定的地点处理争议的有关问题。

（4）报酬。付给委员的酬金分为月聘请费用和日酬金两部分，由业主与承包商平均负担。裁决委员会到现场考察和处理合同争议的时间按日酬金计算，相当于咨询费。

（5）成员的义务。保证公正处理合同争议是其最基本的义务，虽然当事人双方各提名 1 名成员，但他不能代表任何一方的单方利益，因此，合同规定：

在业主与承包商双方同意的任何时候，他们可以共同将事宜提交给争议裁决委员会，请他们提出意见。没有另一方的同意，任一方不得就任何事宜向争议委员会提出建议。

裁决委员会或其中的任何成员不应从业主、承包商或工程师处单方获得任何经济利益或其他利益；

不得在业主、承包商或工程师处担任咨询顾问或其他职务；

合同争议提交仲裁时，不能被任命为仲裁人，只能作为证人向仲裁提供争议证据。

第三节 合同实施

一、合同交底

合同交底是由合同管理人员在对合同的主要内容进行分析、解释和说明的基础上,通过组织项目管理人员和各个工程小组学习合同条文和合同总体分析结果,使大家熟悉合同中的主要内容、规定、管理程序,了解合同双方的合同责任和工作范围,各种行为的法律后果等,使大家都树立全局观念,使各项工作协调一致,避免执行中的违约行为。

在传统的施工管理系统中,人们十分重视图纸交底工作,却不重视合同交底工作,导致各个项目组和各个工程小组对项目的合同体系、合同基本内容不甚了解,影响了合同的履行。

项目经理或合同管理人员应将各种任务或事件的责任分解,落实到具体的工作小组、人员和分包单位。合同交底的目的和任务如下:

(1) 对合同的主要内容达成一致理解;
(2) 将各种合同事件的责任分解落实到各工程小组或分包商;
(3) 将工程项目和任务分解,明确其质量和技术要求以及实施的注意要点等;
(4) 明确各项工作或各个工程的工期要求;
(5) 明确成本目标和消耗标准;
(6) 明确相关事件之间的逻辑关系;
(7) 明确各个工程小组(分包人)之间的责任界限;
(8) 明确完不成任务的影响和法律后果;
(9) 明确合同有关各方的责任和义务。

二、合同实施跟踪

(一) 施工合同跟踪

合同签订后,合同中各项任务的执行要落实到具体的项目经理部或具体的项目参与人,承包单位作为履行合同义务的主体,必须对项目经理或项目参与人的履行情况进行跟踪、监督和控制,确保合同义务的完全履行。

施工合同跟踪有两个方面的含义：一是承包单位的合同管理职能部门对项目经理部或项目参与人的履行情况进行的跟踪、监督和检查；二是项目经理部或项目参与人本身对合同计划的执行情况进行的跟踪、检查与对比。在合同实施过程中二者缺一不可。

1. 合同跟踪的依据

合同跟踪的重要依据首先，是合同以及依据合同而编制的各种计划文件；其次，还要依据各种实际工程文件，如原始记录、报表、验收报告等；另外，还要依据管理人员对现场情况的直观了解，如现场巡视、交谈、会议，质量检查等。

2. 合同跟踪对象

（1）承包的任务。

①工程施工的质量，包括材料、构件、制品和设备等的质量，以及施工或安装质量，是否符合合同要求等。

②工程进度，是否在预定的期限内施工，工期有无延长，延长的原因是什么等。

③工程数量，是否按合同要求完成全部施工任务，有无合同规定以外的施工任务等。

④成本的增加或减少。

（2）工程小组或分包人的工程和工作。

可以将工程施工任务分别交由不同的工程小组或发包给专业分包完成，工程承包商必须对这些工程小组或分包商及其所负责的工程进行跟踪检查、协调关系，提出意见、建议或警告，保证工程总体质量和进度。

对专业分包人的工作和负责的工程，总承包商负有协调和管理的责任，并承担由此造成的损失，所以专业分包人的工作和负责的工程必须纳入总承包的计划和控制中，防止因分包人工程管理失误而影响全局。

（3）业主和其委托的工程师的工作。

①业主是否及时、完整地提供了工程施工的实施条件，如场地、图纸、资料等。

②业主和工程师是否及时给予了指令、答复和确认等。

③业主是否及时并足额地支付了应付的工程款项。

（二）偏差分析

通过合同跟踪，可能会发现合同实施中存在的偏差，即工程的实际情况偏离了工程计划和工程目标，应该及时分析原因，采取措施，纠正偏差，避免损失。

合同实施偏差分析的内容包括以下几个方面。

1. 产生偏差的原因分析

通过对合同执行实际情况与实施计划的对比分析，不仅可以发现合同实施的偏差，而且可以探索引起差异的原因。原因分析可以采用鱼刺图、因果关系分析图（表）成本量差、价差、效率差分析等方法定性或定量地进行。

2. 合同实施偏差的责任分析

即分析产生合同偏差的原因是由谁引起的，应该由谁承担责任。责任分析必须以合同为依据，按合同规定落实双方的责任。

3. 合同实施的趋势分析

针对合同实施偏差情况，可以采取不同的措施，应分析在不同措施下合同执行的结果与趋势，包括：

（1）最终的工程状况，包括总工期的延误、总成本的超支、质量标准、所能达到的产生能力（或功能要求）等；

（2）承包商将承担什么样的后果，如被罚款、被清算，甚至被起诉，对承包商资信、企业形象、经营战略的影响等；

（3）最终工程经济效益（利润）水平。

（三）偏差的处理

根据合同实施偏差分析的结果，承包商应该采取相应的调整措施，调整措施可以分为：

（1）组织措施，如增加人员投入，调整人员安排，调整工作流程和工作计划等。
（2）技术措施，如变更技术方案，采用新的高效率的施工方案等。
（3）经济措施，如增加投入，采取经济激励措施等。
（4）合同措施，如进行合同变更，采取附加协议，采取索赔手段等。

（四）工程变更管理

工程变更管理一般是指在工程施工过程中，根据合同约定对施工的程序、工程的内容、数量、质量要求及标准等作出的变更。

1. 工程变更的原因

工程变更一般主要有以下几个方面的原因。

（1）业主的变更指令。如业主有新的意图，对建筑的新要求，业主修改项目计划、削减项目预算等。

（2）由于设计人员、监理方人员、承包商事先没有很好地理解业主的意图，或设计的错误，导致图纸修改。

（3）工程环境的变化，预定的工程条件不准确，要求实施方案或实施计划变更。

（4）由于产生新技术和知识，有必要改变原计划、预案实施方案或实施计划，或由于业主指南及业主责任的原因造成施工方案的改变。

（5）政府部门对工程有新的要求，如国家计划变化、环境保护要求、城市规划变动等。

（6）由于合同实施出现问题，必须调整合同目标或修改合同条款。

2. 工程变更的范围

根据 FIDIC 施工合同条件，工程变更的内容可能包括以下几个方面。

（1）改变合同中所包括的任何工作的数量。

（2）改变任何工作的质量和性质。

（3）改变工程任何部分的标高、基准线、位置和尺寸。

（4）删减任何工作，但要交与他人实施的工作除外。

（5）任何永久工程需要的任何附加工作、工程设备、材料或服务。

（6）改动工程的施工顺序或时间安排。

根据我国合同示范文本，工程变更包括设计变更和工程质量标准等其他实质性内容的变更，其中设计变更包括：

（1）更改工程有关部分的标高、基准线、位置和尺寸。

（2）增减合同中约定的工程量。

（3）改变有关工程的施工时间和顺序。

（4）其他有关工程变更需要的附加工作。

3. 工程变更的程序

工程变更是索赔的主要起因。由于工程变更对工程施工过程影响很大，会造成工期的拖延和费用的增加，容易引起双方的争执，所以要十分重视工程变更管理问题。

一般工程施工承包合同中都有关于工程变更的具体规定。工程变更一般按照如下程序进行。

（1）提出工程变更。根据工程实施的实际情况，承包商、业主、工程师、设计单位都可以根据需要提出工程变更。

（2）工程变更的批准。承包商提出的工程变更，应该交与工程师审查并批准；由设计方提出的工程变更应该与业主协商或经业主审查并批准；由业主方提出的工程变更，涉及设计修改的应该与设计单位协商，并且一般通过工程师发出。工程师发出工程变更的权利，一般会在施工合同中明确约定，通常在发出变更通知前应征得业主批准。

（3）工程变更指令的发出及执行。为了避免耽误工程，工程师和承包商就变更价格和工期补偿达成一致意见之前有必要先行发布指示，先执行工程变更工作，然后再就变更价格和工期补偿进行协商和确定。

工程变更指令的发出有两种形式：书面形式和口头形式。一般情况下要求用书面形式发布变更指示，如果由于情况紧急而来不及发出书面指示，承包商应该根据合同规定要求工程师书面认可。

根据工程惯例，除非工程师明显超越合同权限，承包商应该无条件地执行工程变更的指示。即使工程变更价款没有规定，或者承包商对工程师答应给予付款的金额不满意，承包商也必须一边进行变更工作，一边根据合同寻求解决办法。

4. 工程变更的责任分析与补偿要求

根据工程变更的具体情况可以分析确定工程变更的责任和费用补偿。

（1）由于业主要求、政府部门要求、环境变化、不可抗力、原设计错误等导致的设计修改，应该由业主承担责任；由此所造成的施工方案的变更以及工期的延长和费用的增加应该向业主索赔。

（2）由于承包商的施工过程，施工方案出现错误、疏忽而导致设计的修改，应该由承包商承担责任。

（3）施工方案变更要经过工程师的批准，不论这种变更是否会给业主带来好处（如工期缩短、节约费用）。

由于承包商的施工过程、施工方案本身的缺陷而导致了施工方案的变更，由此所引起的费用增加和工期延长应该由承包商承担责任。

业主向承包商授标前（或签订合同前），可以要求承包商对施工方案进行补充、修改或作出说明，以便符合业主的要求。在授标后（或签订合同后）业主为了加快工期、提高质量等要求变更施工方案，由此所引起的费用增加可以向业主索赔。

第四节　合同违约与索赔

一、合同违约

（一）违反合同民事责任的构成要件

法律责任的构成要件是承担法律责任的条件。《中华人民共和国民法典》规定，当事人一方不履行合同义务或履行合同义务不符合约定的，应当承担违约责任。也就是说，不管何种情况也不管当事人主观上是否有过错，更不管是何种原因（不可抗力除外），只要当事人一方不履行合同或者履行合同不符合约定，都要承担违约责任。这就是违反合同民事责任的构成要件。

《中华人民共和国民法典》规定，违反合同民事责任的构成要件是严格责任，而不是过错责任。按照这一规定，即使当事人一方没有过错，或者因为别人没有履行义务而使合同的履行受到影响，只要合同没有履行或者履行合同不符合约定，就应当承担违约责任。至于当事人与其他人的纠纷，是另一个法律关系，应分开解决。当然，对当事人一方有过错的，更要承担责任，如《合同法》规定的缔约过失、无效合同和可撤销合同采取过错责任，有过错一方要向受损害一方赔偿损失。

（二）承担违反合同民事责任的方式及选择

《中华人民共和国民法典》规定，当事人一方不履行合同义务或者履行合同义务不符合规定的，应继续履行或采取补救措施，承担赔偿损失等违约责任。承担违反合同民事责任的方式有：①继续履行；②采取补救措施；③赔偿损失；④支付违约金。

承担违反合同民事责任的方式在具体实践中如何选择？总的原则是由当事人自由选择，并有利于合同目的的实现。提倡继续履行和补救措施优先，有利于合同目的的实现，特别是有些经济合同不履行，有可能涉及国家经济建设和公益性任务的完成，水利工程就是这样。水利建设任务能否顺利完成，直接关系到公共利益能否顺利实现。当然，如果合同不能继续履行或者无法采取补救措施，或者继续履行、采取补救措施仍不能完成合同约定的义务，就应该赔偿损失。

1. 关于继续履行方式

继续履行是承担违反合同民事责任的首选方式，当事人订立合同的目的就是为了通过双方全面履行约定的义务，使各自的需要得到满足。一方违反合同，其直接后果是对方需要得不到满足。因此，继续履行合同，使对方需要得到满足，是违约方的首要责任。特别是对价款或者报酬的支付，《中华人民共和国民法典》明确规定，当事人一方未支付价款或者报酬的，对方可以要求其支付价款或报酬。

在某些情况下，继续履行可能是不可能或没有必要的，此时承担违反合同民事责任的方式就不能采取继续履行了。例如，水利工程建设中，大型水泵供应商根本没有足够的技术力量和设备来生产合同约定的产品，原来订合同时过高估计了自己的生产能力，甚至订合同是为了赚钱而盲目承接任务，此时不可能履行合同，只能是赔偿对方损失。如果供货商通过努力（如加班、增加技术力量和其他投入等）能够和产出符合约定的产品，则应采取继续履行或采取补救措施的方式。又如季节性很强的产品，过了季节就没法销售或使用的，对方延迟交货就意味着合同继续履行没有必要。《中华人民共和国民法典》规定了三种情形不能要求继续履行的：①法律上或事实上不能继续履行的；②债务的标的不适于强制履行或履行费用过高的；③债权人在合理期限内未要求履行的。

2. 关于采取补救措施

采取补救措施是在合同一方当事人违约的情况下，为了减少损失使合同尽量圆满履行所采取的一切积极行为。如，不能如期履行合同义务的，与对方协商能否推迟履行；自己一时难于履行的，在征得对方当事人同意的前提下，尽快寻找他人代为履行；当发现自己提供的产品质量、规格不符合合同约定的标准时，积极负责修理或调换。总之，采取补救措施不外乎避免或减少损失和达到合同约定要求两个方面。《中华人民共和国民法典》规定，质量不符合约定的，应当按照当事人的约定承担违约责任；对违约责任没有约定或约定不明确，依法仍不能确定的，受损害方根据标的性质及损失大小，可以合理选择要求修理、更换、重作、退货、减少价款或者报酬等违约责任。例如，在水利工程中，某单位工程的部分单元工程质量严重不合格，一般就要求拆除并重新施工。

3. 关于承担赔偿损失

承担赔偿损失，就是由违约方承担因其违约给对方造成的损失。《中华人民共和国民法典》规定，当事人一方不履行合同义务或者履行合同义务不符合约定的，在履行义务或者采取补救措施后，对方还有其他损失的，应当赔偿损失。至于赔偿额的计算，《中华人民共和国民法典》原则规定为：损失赔偿应当相当于因违约所造成的损失，包括合同履行后可以获得的利益，但不得超过违反合同一方订立合同时预见到或者应当预见到的因违反合同可能造成的损失；经营者对消费者提供商品或服务有欺诈行为的，依照《中华人民共和国消费者权益保护法》的规定承担损害赔偿责任，即加倍赔偿。《中华人民共和国民法典》还规定，当事人可以约定因违约产生的损失赔偿额的计算方法。当事人一方违约后，对方应当采取适当措施防止损失的扩大，没有采取适当措施致使损失扩大的，不得就扩大的损失要求赔偿。

至于支付违约金、定金的收取或返还，它们是一种损失赔偿的具体方式，不仅具有补偿性，而且具有惩罚性。

4. 关于违约金

违约金是指不履行或者不完全履行合同的一方当事人按照法律规定或者合同约定支付给另一方当事人一定数额的货币。违约金具有两种性质：①补偿性，在违约行为给对方造成损失时，违约金起到一定的补偿作用；②惩罚性，惩罚违约行为，当事人约定了违约金，不论违约是否给对方造成损失，都要支付违约金。

对违约金的数量如何确定？约定违约金的高于或低于违约造成的损失怎么办？《中华人民共和国民法典》有明确规定，当事人可以约定一方违约时应当根据违约情况向对方支付一定数额的违约金。因此，违约金的数量可以由当事人双方在订立合同时约定，或者在订立合同后补充约定。对违约金低于造成的损失的，当事人可以请求人民法院或仲裁机构予以增加；对违约金过分高于造成的损失的，当事人也可以请求人民法院或仲裁机构予以适当减少。

5. 关于定金

定金是订立合同后，为了保证合同的履行，当事人一方根据约定支付给对方作为债权担保的货币。定金具有补偿性，即给付定金的一方在不履行合同约定的义务或债务时，定金不能收回，用于赔偿对方的损失。例如，投标人在递交投标文件时附交的投标保证金就具有定金的性质，投标人在中标后不承担合同义务，无法定情况而放弃中标的，招标人即可以没收其投标保证金。定金还具有惩罚性，即给付定金的一方不履行合同约定义务的，即使没有给对方造成损失也不能收回；而收受定金的一方不履行合同约定义务的，应当双倍返还定金。

二、施工索赔

（一）索赔的特点

（1）索赔是合同管理的一项正常的规定，一般合同中规定的工程赔偿款是合同价的 7%～8%。

（2）索赔作为一种合同赋予双方的具有法律意义的权利主张，其主体是双向的。在工程施工合同中，业主与承包方都有索赔的权利，业主可以向承包方索赔，同样承包方也可以向业主索赔。而在现实工程实施中，大多数出现的情况是承包方向业主提出索赔。由于承包方向业主进行索赔申请的时候，没有很烦琐的索赔程序，所以在一些合同协议书中一般只规定了承包方向业主进行索赔的处理方法和程序。

（3）索赔必须建立在损害结果已经客观存在的基础上。不管是时间损失还是经济损失，都需要有客观存在的事实，如果没有发生就不存在索赔的情况。

（4）索赔必须以合同或者法律法规为依据。只有一方存在违约行为，受损方就可以向违约方提出索赔要求。

（5）索赔应该采用明示的方式，需要受损方采用书面形式提出，书面文件中应该包括索赔的要求和具体内容。

（6）索赔的结果一般是索赔方可以得到经济赔偿或者其他赔偿。

（二）索赔费用的计算方法

索赔费用的计算方法有实际费用法，总费用法和修正的总费用法。

1. 实际费用法

实际费用法是计算工程索赔时最常用的一种方法。这种方法的计算原则是以承包商为某项索赔工作所支付的实际开支为根据，向业主要求费用补偿。

用实际费用法计算时，在直接费的额外费用部分的基础上，再加上应得的间接费和利润，即是承包商应得的索赔金额。由于实际费用法所依据的是实际发生的成本记录或单据，所以在施工过程中，系统而准确地积累记录资料是非常重要的。

2. 总费用法

总费用法就是当发生多次索赔事件以后，重新计算该工程的实际总费用，实际总费用减去投标报价时的估算总费用，即为索赔金额。

索赔金额 = 实际总费用 – 投标报价估算总费用

不少人对采用该方法计算索赔费用持批评态度，因为实际发生的总费用中可能包括承包商的原因，如施工组织不善而增加的费用；同时投标报价估算的总费用也可能为了中标而过低。所以这种方法只有在难以采用实际费用法时才应用。

3. 修正的总费用法

修正的总费用法是对总费用法的改进，即在总费用计算的原则上，去掉一些不合理的因素，使其更合理。修正的内容如下：①将计算索赔款的时段局限于受到外界影响的时间，而不是整个施工期；②只计算受影响时段内的某项工作所受影响的损失，而不是计算该时段内所有施工工作所受的损失；③与该项工作无关的费用不列入总费用中；④对投标报价费用重新进行核算：按受影响时段内该项工作的实际单价进行核算，乘以实际完成的该项工作的工程量，得出调整后的报价费用。

按修正后的总费用计算索赔金额的公式如下：

索赔金额 = 某项工作调整后的实际总费用 – 该项工作的报价费用

与总费用法相比，修正的总费用法有了实质性的改进，它的准确程度已接近于实际费用法。

（三）工期索赔的分析

1. 工期索赔的分析

工期索赔的分析包括延误原因分析、延误责任的界定，网络计划（CPM）分析、工期索赔的计算等。

运用网络计划方法分析延误事件是否发生在关键线路上，以决定延误是否可以索赔。在工期索赔中，一般只考虑对关键线路上的延误或者非关键线路因延误而变成关键线路时才给予顺延工期。

2. 工期索赔的计算方法

（1）直接法。如果某干扰事件直接发生在关键线路上，造成总工期的延误，可以直接将该干扰事件的实际干扰时间（延误时间）作为工期索赔值。

（2）比例分析法。采用比例分析法时，可以按工程量的比例进行分析。

3. 网络分析法

在实际工程中，影响工期的干扰事件可能会很多，每个干扰事件的影响程度可能都不一样，有的直接在关键线路上，有的不在关键线路上，多个干扰事件的共同影响结果究竟是多少可能引起合同双方很大的争议。采用网络分析方法是比较科学合理的，其思路是：假设工程按照双方认可的工程网络计划确定的施工顺序和时间施工，当某个或某几个干扰事件发生后，使网络中的某个工作或某些工作受到影响，使其持续时间延长或开始时间推迟，从而影响总工期，则将这些工作受干扰后的新的持续时间和开始时间等代入网络中，重新进行网络分析和计算，得到的新工期与原工期之间的差值就是干扰事件对总工期的影响，也就是承包商可以提出的工期索赔值。网络分析方法通过分析干扰事件发生前和发生后网络计划的计算工期之差来计算工期索赔值，可以用于各种干扰事件和多种干扰事件共同作用所引起的工期索赔。

第九章　水利工程施工安全与环境安全管理

第一节　水利工程施工安全管理

一、安全生产事故的应急救援

（一）基本概念

(1) 应急预案。

应急预案是指针对可能发生的事故，为迅速、有序地开展应急行动而预先制定的行动方案。

(2) 应急准备。

应急准备是指针对可能发生的事故，为迅速、有序地开展应急行动而预先进行的组织准备和应急保障。

(3) 应急响应。

应急响应是指事故发生后，有关组织或人员采取的应急行动。

(4) 应急救援。

应急救援是指在应急响应过程中，为消除、减少事故危害，防止事故扩大或恶化，最大限度地降低事故造成的损失或危害而采取的救授措施。

(5) 恢复。

恢复是指事故的影响得到初步控制后，为使生产、工作、生活和生态环境尽快恢复到正常状态而采取的措施或行动。

(6) 综合应急预案。

综合应急预案是从总体上阐述处理事故的应急方针、政策，应急组织结构及相关应急职责，应急行动、措施和保障等基本要求和程序，是应对各类事故的综合性文件。

(7) 专项应急预案。

专项应急预案是针对具体的事故类别（如煤矿瓦斯爆炸，危险化学品泄漏等事故)、危险源和应急保障而制订的计划或方案，是综合应急预案的组成部分，应按照综合应急预案的程序和要求组织制定，并作为综合应急预案的附件。专项应急预案应制定明确的救援程序和具体的应急救援措施。

(8) 现场处置方案。

现场处置方案是针对具体的装置、场所或设施、岗位所制定的应急处置措施。现场处置方案应具体、简单、针对性强。现场处置方案应根据风险评估及危险性控制措施逐一编制，做到事故相关人员应知应会，熟练掌握，并通过应急演练，做到迅速反应、正确处置。

（二）综合应急预案的主要内容

(1) 总则。

①编制目的。

简述应急预案编制的目的、作用等。

②编制依据。

简述应急预案编制所依据的法律法规、规章，以及有关行业管理规定、技术规范和标准等。

③适用范围。

说明应急预案适用的区域范围，以及事故的类型、级别。

④应急预案体系。

说明本单位应急预案体系的构成情况。

⑤应急工作原则。

说明本单位应急工作的原则，内容应简明扼要、明确具体。

(2) 生产经营单位的危险性分析。

①生产经营单位概况。

主要包括单位地址、从业人数、隶属关系、主要原材料、主要产品、产量等内容，以及周边重大危险源、重要设施、目标、场所和周边布局情况。必要时，可附平面图进行说明。

②危险源与风险分析。

主要阐述本单位存在的危险源及风险分析结果。

(3) 组织机构及职责。

①应急组织体系。

明确应急组织形式、构成单位或人员，并尽可能以结构图的形式表示出来。

②指挥机构及职责。

明确应急救援指挥机构总指挥、副总指挥、各成员单位及其相应职责。应急救援指挥机构根据事故类型和应急工作需要，可以设置相应的应急救援工作小组，并明确各小组的工作任务及职责。

(4) 预防与预警。

①危险源监控。

明确本单位对危险源监测监控的方式、方法,以及采取的预防措施。

②预警行动。

明确事故预警的条件、方式、方法和信息的发布程序。

③信息报告与处置。

按照有关规定,明确事故及未遂伤亡事故信息报告与处置办法。

a.信息报告与通知。

明确24小时应急值守电话、事故信息接收和通报程序。

b.信息上报。

明确事故发生后向上级主管部门和地方人民政府报告事故信息的流程、内容和时限。

c.信息传递。

明确事故发生后向有关部门或单位通报事故信息的方法和程序。

(5)应急响应。

①响应分级。

针对事故危害程度、影响范围和单位控制事态的能力,将事故分为不同的等级。按照分级负责的原则,明确应急响应级别。

②响应程序。

根据事故的大小和发展态势,明确应急指挥、应急行动、资源调配、应急避险、扩大应急等响应程序。

③应急结束。

明确应急终止的条件。事故现场得以控制,环境符合有关标准,导致次生、衍生事故隐患消除后,经事故现场应急指挥机构批准后,现场应急结束。

应急结束后,应明确:

第一,事故情况上报事项;

第二,需向事故调查处理小组移交的相关事项;

第三,事故应急救援工作总结报告。

(6)信息发布。

明确事故信息发布的部门,发布原则。事故信息应由事故现场指挥部及时准确地向新闻媒体等部门进行通报事故信息。

(7)后期处置。

后期处置主要包括污染物处理、事故后果影响消除、生产秩序恢复、善后赔偿、抢险过程和应急救援能力评估及应急预案的修订等内容。

(8)保障措施。

①通信与信息保障。

明确与应急工作相关联的单位或人员通信联系方式和方法,并提供备用方案。建立信息通信系统及维护方案,确保应急救援期间信息通畅。

②应急队伍保障。

明确各类应急响应的人力资源,包括专业应急队伍、兼职应急队伍的组织与保障方案。

③应急物资装备保障。

明确应急救援需要使用的应急物资和装备的类型、数量、性能、存放位置、管理责任人及其联系方式等内容。

④经费保障。

明确应急专项经费来源、使用范围、数量和监督管理措施，保障应急状态时生产经营单位应急经费的及时到位。

⑤其他保障。

根据本单位应急工作需求而确定的其他相关保障措施（如交通运输保障、治安保障、技术保障、医疗保障、后勤保障等）。

(9) 培训与演练。

①培训。

明确对本单位人员开展的应急培训计划、方式和要求。如果预案涉及社区和居民，要做好宣传教育和告知等工作。

②演练。

明确应急演练的规模、方式、频次、范围、内容、组织、评估、总结等内容。

(10) 奖惩。

明确事故应急救援工作中奖励和处罚的条件和内容。

(11) 附则。

①术语和定义。

对应急预案涉及的一些术语进行定义。

②应急预案备案。

明确本应急预案的报备部门。

③维护和更新。

明确应急预案维护和更新的基本要求，定期进行评审，实现可持续改进。

④制定与解释。

明确应急预案负责制定与解释的部门。

⑤应急预案实施。

明确应急预案实施的具体时间。

（三）专项应急预案的主要内容

(1) 事故类型和危害程度分析。

在危险源评估的基础上，对其可能发生的事故类型和可能发生的季节及其严重程度进行确定。

(2) 应急处置基本原则。

明确处置安全生产事故应当遵循的基本原则。

(3) 组织机构及职责。

①应急组织体系。

明确应急组织形式、构成单位或人员，并尽可能以结构图的形式表示出来。

②指挥机构及职责。

根据事故类型，明确应急救援指挥机构总指挥、副总指挥以及各成员单位或人员的具体职责。应急救援指挥机构可以设置相应的应急救援工作小组，明确各小组的工作任务及主要负责人职责。

(4) 预防与预警。

①危险源监控。

明确本单位对危险源监测监控的方式、方法，以及采取的预防措施。

②预警行动。

明确具体事故预警的条件、方式、方法和信息的发布程序。

(5) 信息报告程序。

信息报告程序主要包括：

①确定报警系统及程序；

②确定现场报警方式，如电话、警报器等；

③确定二十四小时与相关部门的通信、联络方式；

④明确相互认可的通告、报警形式和内容；

⑤明确应急反应人员向外求援的方式。

(6) 应急处置。

①响应分级。

针对事故危害程度、影响范围和单位控制事态的能力，将事故分为不同的等级。按照分级负责的原则，明确应急响应级别。

②响应程序。

根据事故的大小和发展态势，明确应急指挥、应急行动、资源调配、应急避险、扩大应急等响应程序。

③处置措施。

针对本单位事故类别和可能发生的事故特点、危险性制定的应急处置措施（如煤矿瓦斯爆炸、冒顶片帮、火灾、透水等事故应急处置措施，危险化学品火灾，爆炸、中毒等事故应急处置措施）。

(7) 应急物资与装备保障。

明确应急处置所需的物质与装备数量、管理和维护、正确的使用方法等。

（四）现场处置方案的主要内容

(1) 事故特征。

事故特征主要包括：

①危险性分析，可能发生的事故类型；

②事故发生的区域、地点或装置的名称；

③事故可能发生的季节和造成的危害程度；

④事故前可能出现的征兆。

(2) 应急组织与职责。

应急组织与职责主要包括：

①基层单位应急自救组织形式及人员构成情况；

②应急自救组织机构、人员的具体职责，应同单位或车间、班组人员工作职责紧密结合，明确相关岗位和人员的应急工作职责。

(3) 应急处置。

应急处置主要包括以下内容。

①事故应急处置程序。根据可能发生的事故类别及现场情况，明确事故报警、各项应急措施启动、应急救护人员的引导、事故扩大及同企业应急预案的衔接的程序。

②现场应急处置措施。针对可能发生的火灾、爆炸、危险化学品泄漏、坍塌、水患、机动车辆伤害等，从操作措施、工艺流程、现场处置、事故控制、人员救护、消防、现场恢复等个方面制定明确的应急处置措施。

③报警电话及上级管理部门、相关应急救援单位联络方式和联系人员，事故报告的基本要求和内容。

(4) 注意事项。

注意事项主要包括：

①佩戴个人防护器具个方面的注意事项；

②使用抢险救援器材个方面的注意事项；

③采取救援对策或措施个方面的注意事项；

④现场自救和互救注意事项；

⑤现场应急处置能力确认和人员安全防护等事项；

⑥应急救援结束后的注意事项；

⑦其他需要特别警示的事项。

（五）应急预案的评审和发布

应急预案编制完成后，应进行评审。

(1) 要素评审。

评审由本单位主要负责人组织有关部门和人员进行。

(2) 形式评审。

外部评审由上级主管部门或地方政府负责安全管理的部门组织审查。

(3) 备案和发布。

评审后，按规定报有关部门备案，并经生产经营单位主要负责人签署发布。

建筑施工企业的综合应急预案和专项应急预案，按照隶属关系报所在地县级以上地方人民政府安全生产监督管理部门和有关主管部门备案。

建筑施工企业申请应急预案备案，应当提交以下材料：

①应急预案备案申请表；
②应急预案评审或者论证意见；
③应急预案文本及电子文档。

（六）预案的修订

(1) 生产经营单位制定的应急预案应当至少每三年修订一次，预案修订情况应有记录并归档。

(2) 出现下列情形之一的，应急预案应当及时修订：

①生产经营单位因兼并、重组、转制等导致隶属关系、经营方式、法定代表人发生变化的；
②生产经营单位生产工艺和技术发生变化的；
③周围环境发生变化，形成新的重大危险源的；
④应急组织指挥体系或者职责已经调整的；
⑤依据的法律、法规、规章和标准发生变化的；
⑥应急预案演练评估报告要求修订的；
⑦应急预案管理部门要求修订的。

（七）法律责任

(1) 生产经营单位应急预案未按照相关规定备案的，由县级以上安全生产监督管理部门给予警告，并处 3 万元以下罚款。

(2) 生产经营单位未制定应急预案或者未按照应急预案采取预防措施，导致事故救援不力或者造成严重后果的，由县级以上安全生产监督管理部门依照有关法律、法规和规章的规定，责令其停产、停业整顿，并依法给予行政处罚。

二、水利工程重大质量安全事故应急预案

为提高应对水利工程建设重大质量与安全事故的能力，做好水利工程建设重大质量与安全事故应急处置工作，有效预防、及时控制和消除水利工程建设重大质量与安全事故的危害，最大限度地减少人员伤亡和财产损失，保证工程建设质量与施工安全以及水利工程建设顺利进行，根据《中华人民共和国安全生产法》《国家突发公共事件总体应急预案》和《水利工程建设安全生产管理规定》等法律、法规和有关规定，结合水利工程建设实际，水利部制定了《水利工程建设重大质量与安全事故应急预案》（水建管〔2006〕202 号），自 2006 年 6 月 5 日起实施。该应急预案共分为八章。

根据 2005 年 1 月 26 日国务院第 79 次常务会议通过的《国家突发公共事件总体应急预案》，按照不同的责任主体，国家突发公共事件应急预案体系设计为国家总体应急预案、专项应急预案、部门应急预案、地方应急预案、企事业单位应急预案五个层次。

《水利工程建设重大质量与安全事故应急预案》属于部门预案，是关于事故灾难的应急预案，其主要内容包括以下几个方面。

（1）《水利工程建设重大质量与安全事故应急预案》适用于水利工程建设过程中突然发生且已经造成或者可能造成重大人员伤亡、重大财产损失，有重大社会影响或涉及公共安全的重大质量与安全事故的应急处置工作。按照水利工程建设质量与安全事故发生的过程、性质和机理，水利工程建设重大质量与安全事故主要包括：

①施工中土石方塌方和结构坍塌安全事故。

②特种设备或施工机械安全事故。

③施工围堰坍塌安全事故。

④施工爆破安全事故。

⑤施工场地内道路交通安全事故。

⑥施工中发生的各种重大质量事故。

⑦其他原因造成的水利工程建设重大质量与安全事故。水利工程建设中发生的自然灾害（如洪水、地震等）、公共卫生事件、社会安全事件等，依照国家和地方相应应急预案执行。

（2）应急工作应当遵循"以人为本，安全第一；分级管理，分级负责；属地为主，条块结合；集中领导，统一指挥；信息准确，运转高效；预防为主，平战结合"的原则。

（3）水利工程建设重大质量与安全事故应急组织指挥体系由水利部及流域机构、各级水行政主管部门的水利工程建设重大质量与安全事故应急指挥部、地方各级人民政府、水利工程建设项目法人以及施工等工程参建单位的质量与安全事故应急指挥部组成。

（4）在本级水行政主管部门的指导下，水利工程建设项目法人应当组织制定本工程项目建设质量与安全事故应急预案（水利工程项目建设质量与安全事故应急预案应当报工程所在地县级以上水行政主管部门以及项目法人的主管部门备案）。建立工程项目建设质量与安全事故应急处置指挥部。工程项目建设质量与安全事故应急处置指挥部的人员组成如下：

①指挥：项目法人主要负责人；

②副指挥：工程各参建单位主要负责人；

③成员：工程各参建单位有关人员。

（5）承担水利工程施工的施工单位应当制定本单位施工质量与安全事故应急预案，建立应急救援组织或者配备应急救援人员，配备必要的应急救援器材、设备，并定期组织演练。水利工程施工企业应明确专人维护救援器材、设备等。在工程项目开工前，施工单位应当根据所承担的工程项目施工特点和范围，制定施工现场施工质量与安全事故应急预案，建立应急救援组织或配备应急救援人员并明确职责。在承包单位的统一组织下，工程施工分包单位（包括工程分包和劳务作业分包）应当按照施工现场施工质量与安全事故应急预案，建立应急救援组织或配备应急救援人员并明确职责。施工单位的施工质量与安全事故应急预案、应急救援组织或配备的应急救援人员和职责应当与项目法人制定的水利工程项目建设质量与安全事故应急预案协调一致，并将应急预案报项目法人备案。

(6) 重大质量与安全事故发生后,在当地政府的统一领导下,应当迅速组建重大质量与安全事故现场应急处置指挥机构,负责事故现场应急救援和处置的统一领导与指挥。

(7) 预警预防行动。施工单位应当根据建设工程的施工特点和范围,加强对施工现场易发生重大事故的部位、环节进行监控,配备救援器材、设备,并定期组织演练。

(8) 按事故的严重程度和影响范围,将水利工程建设质量与安全事故分为Ⅰ、Ⅱ、Ⅲ、Ⅳ四级。对应相应事故等级,采取Ⅰ级、Ⅱ级、Ⅲ级、Ⅳ级应急响应行动。

① Ⅰ级(特别重大质量与安全事故)。已经或者可能导致死亡(含失踪)30人以上(含本数,下同),或重伤(中毒)100人以上,或需要紧急转移安置10万人以上,或直接经济损失1亿元以上的事故。

② Ⅱ级(特大质量与安全事故)。已经或者可能导致死亡(含失踪)10人以上、30人以下(不含本数,下同),或重伤(中毒)50人以上、100人以下,或需要紧急转移安置1万人以上、10万人以下,或直接经济损失5000万元以上、1亿元以下的事故。

③ Ⅲ级(重大质量与安全事故)。已经或者可能导致死亡(含失踪)3人以上、10人以下,或重伤(中毒)30人以上、50人以下,或直接经济损失1000万元以上、5000万元以下的事故。

④ Ⅳ级(较大质量与安全事故)。已经或者可能导致死亡(含失踪)3人以下,或重伤(中毒)30人以下,或直接经济损失1000万元以下的事故。

三、水利工程施工安全管理

(一)施工安全管理的目的和任务

施工项目安全管理的目的是最大限度地保护生产者的人身安全,控制影响工作环境内所有员工(包括临时工作人员、合同方人员、访问者和其他有关人员)安全的条件和因素,避免因使用不当对使用者造成安全危机,防止安全事故的发生。

施工安全管理的任务是建筑生产安全企业为达到建筑施工过程中安全的目的,所进行的组织、控制和协调活动,主要内容包括制定、实施、实现、评审和保持安全方针所需的组织机构、策划活动、管理职责、实施程序、所需资源等。施工企业应根据自身实际情况制定方针,并通过实施、实现、评审、保持,改进来建立组织机构、策划活动、明确职责、遵守安全法律法规、编制程序控制文件、实施过程控制,提供人员、设备、资金、信息等资源,对安全与环境管理体系按国家标准进行评审,按计划、实施、检查,总结循环过程进行提高。

(二)施工安全管理的特点

1. 安全管理的复杂性

水利工程施工具有项目固定性、生产的流动性、外部环境影响的不确定性,决定了施工安全管理的复杂性。

(1) 生产的流动性主要是指生产要素的流动性,它是指生产过程中人员、工具和设备的流动，主要表现在以下几个方面：

①同一工地不同工序之间的流动；

②同一工序不同工程部位之间的流动；

③同一工程部位不同时间段之间流动；

④施工企业向新建项目迁移的流动。

(2) 外部环境对施工安全影响因素很多，主要表现在以下几个方面：

①露天作业多；

②气候变化大；

③地质条件变化；

④地形条件影响；

⑤地域、人员交流障碍影响。

以上生产因素和环境因素的影响，使施工安全管理变得复杂，考虑不周会出现安全问题。

2. 安全管理的多样性

受客观因素影响，水利工程项目具有多样性的特点，使得建筑产品具有单件性。每一个施工项目都要根据特定条件和要求进行施工生产，安全管理具有多样性特点，这种多样性主要表现在以下几个方面：

(1) 不能按相同的图纸、工艺和设备进行批量重复生产；

(2) 因项目需要设置组织机构，项目结束组织机构不存在，生产经营的一次性特征突出；

(3) 新技术、新工艺、新设备、新材料的应用给安全管理带来新的难题；

(4) 人员的改变、安全意识、经验不同为工程项目带来安全隐患。

3. 安全管理的协调性

施工过程的连续性和分工决定了施工安全管理的协调性。水利施工项目不能像其他工业产品一样可以分成若干部分或零部件同时生产，必须在同一个固定的场地按严格的程序连续生产，上一道工序完成才能进行下一道工序，上一道工序生产的结果往往被下一道工序所掩盖，而每一道工序都是由不同的部门和人员来完成的，这样，就要求在安全管理中，不同部门和人员做好横向配合和协调，共同注意各施工生产过程接口部分的安全管理的协调，确保整个生产过程和安全。

4. 安全管理的强制性

工程建设项目建设前，已经通过招标投标程序确定了施工单位。由于目前建筑市场供大于求，施工单位大多以较低的标价中标，实施中安全管理费用投入严重不足，不符合安全管理规定的现象时有发生，从而要求建设单位和施工单位重视安全管理经费的投入，达到安全管理的要求，政府也要加大对安全生产的监管力度。

（三）施工安全控制的特点、程序、要求

1. 基本概念

（1）安全生产的概念。

安全生产是指施工企业使生产过程避免人身伤害、设备损害及其不可接受的损害风险的状态。

不可接受的损害风险通常是指超出了法律、法规和规章的要求，超出了方针、目标和企业规定的其他要求，超出了人们普遍接受的要求（通常是隐含的要求）。

安全与否是一个相对的概念，需要根据风险接受程度来判断。

（2）安全控制的概念。

安全控制是指企业通过对安全生产过程中涉及的计划、组织、监控、调节和改进等一系列致力于满足施工安全措施所进行的管理活动。

2. 安全控制的方针与目标

（1）安全控制的方针。

安全控制的目的是安全生产，因此安全控制的方针是"安全第一，预防为主"。

安全第一是指把人身的安全放在第一位，安全为了生产，生产必须保证人身安全，充分体现以人为本的理念。

预防为主是实现安全第一的手段，采取正确的措施和方法进行安全控制，从而减少甚至消除事故隐患，尽量把事故消除在萌芽状态，这是安全控制最重要的思想。

（2）安全控制的目标。

安全控制的目标是减少和消除生产过程中的事故，保证人员健康安全，避免财产损失。安全控制目标具体包括：

减少和消除人的不安全行为的目标；

减少和消除设备、材料的不安全状态的目标；

改善生产环境和保护自然环境的目标；

安全管理的目标。

3. 施工安全控制的特点

（1）安全控制面大。

水利工程，由于规模大、生产工序多、工艺复杂、流动施工作业多、野外作业多、

高空作业多、作业位置多、施工中不确定因素多，因此，施工中安全控制涉及范围广、控制面大。

(2) 安全控制动态性强。

水利工程建设项目的单件性，使得每个工程所处的条件不同，危险因素和措施也会有所不同，员工进驻一个新的工地，面对新的环境，需要时间去熟悉，需要对工作制度和安全措施进行调整。

工程施工项目施工的分散性，现场施工分散于场地的不同位置和建筑物的不同部位，面对新的具体的生产环境，除了熟悉各种安全规章制度和技术措施外，还需作出自己的研判和处理。有经验的人员也必须适应不断变化的新问题、新情况。

(3) 安全控制体系交叉性。

工程项目施工是一个系统工程，受自然和社会环境影响大。施工安全控制和工程系统、质量管理体系、环境和社会系统联系密切，交叉影响，建立和运行安全控制体系要相互结合。

(4) 安全控制的严谨性。

安全事故的出现是随机的，偶然中存在必然性，一旦失控，就会造成伤害和损失，因此安全状态的控制必须严谨。

4. 施工安全控制程序

(1) 确定项目的安全目标。

按目标管理的方法，在以项目经理为首的项目管理系统内进行分解，从而确定每个岗位的安全目标，实现全员安全控制。

(2) 编制项目安全技术措施计划。

对生产过程中的不安全因素，应采取技术手段加以控制和消除，并采用书面文件的形式，作为工程项目安全控制的指导性文件，落实预防为主的方针。

(3) 落实项目安全技术措施计划。

安全技术措施包括安全生产责任制、安全生产设施、安全教育和培训、安全信息的沟通和交流，通过安全控制使生产作业的安全状况处于可控制状态。

(4) 安全技术措施计划的验证。

安全技术措施计划的验证包括安全检查、纠正不符合因素、检查安全记录、安全技术措施修改与再验证。

(5) 安全生产控制的持续改进。

安全生产控制应持续改进，直到该工程项目全面工作的结束。

四、水利工程施工环境安全管理

（一）验收的程序与规定

竣工验收应在病险水库除险加固工程建设项目全部完成并满足一定运行条件后1年内进行。不能按期进行竣工验收的，经竣工验收主持单位同意，可适当延长期限，但最长不应超过6个月。一定运行条件指水库经过6个月（经过一个汛期）至12个月。

竣工验收应具备以下条件：工程已按批准设计全部完成。工程重大设计变更由已经有审批权的单位批准。各单位工程能正常运行。历次验收所发现的问题已基本处理完毕。各专项验收已通过。工程投资已全部到位。竣工财务决算已通过竣工审计，审计意见中提出的问题已整改并提交了整改报告。运行管理单位已明确，管理养护经费已基本落实。质量和安全监督工作报告已提交，工程质量达到合格标准。竣工验收资料已准备就绪。

1. 竣工验收的组织

竣工验收委员会可设主任委员1名，副主任委员以及委员若干名，主任委员应由验收主持单位代表担任。竣工验收委员会由竣工验收主持单位、有关地方人民政府和部门、有关水行政主管部门和流域管理机构、质量和安全监督机构、运行管理单位的代表以及有关专家组成。项目法人、勘测、设计、监理、施工和主要设备制造商等单位应派代表参加竣工验收，负责解答验收委员会提出的问题，并应作为被验收单位代表在验收鉴定书上签字。注：大型水库一般指自治区发展改革委、财政厅、审计厅，工程项目所在地的市政府和发展改革委、财政、审计；县（市、区）政府和发展改革委、财政、审计、国土等部门。中型水库一般指自治区发展改革委、财政厅，工程项目所在地的市政府和发展改革委、财政；县（市、区）政府和发展改革委、财政、审计、国土等部门。小型水库由各市水利局定。

2. 竣工验收的申请

当除险加固工程具备竣工验收条件后，项目法人应向竣工验收主持单位提交申请报告，同时报送相关材料一套。竣工验收申请报告内容包括：工程基本情况，竣工验收具备条件的检查结果，尾工情况及安排意见，验收准备工作情况，建议验收时间、地点和参加单位。申请报告还应包括如下材料：竣工验收自查工作报告，工程建设管理工作报告，拟验工程清单、未完工程清单、未完工程的建设安排及完成时间，工程质量监督报告，竣工审计报告，验收鉴定书。

3. 竣工验收（竣工技术预验收）的主要内容

检查工程是否按批准的设计完成；检查工程是否存在质量隐患和影响工程安全运行的问题；检查历次验收、专项验收的遗留问题和工程初期运行中所发现问题的处理情况；对工程针对技术问题作出评价；检查工程尾工安排情况；鉴定工程施工质量；检查工程投资、财务情况；检查工程档案管理情况；对验收中发现的问题提出处理意见；

4. 竣工验收会议的工作程序

现场检查工程建设情况及查阅有关资料；召开大会：宣布验收委员会组成人员名单和质量、建设管理、档案财务等专业组工作人员名单；观看工程建设声像资料；听取项目法人、设计、施工、监理、运行管理等单位的工作报告；听取竣工技术预验收工作报告；听取工程质量和安全监督报告；讨论并通过竣工验收鉴定书；验收委员会委员和被验收单位代表在竣工验收鉴定书上签字；

5. 竣工验收鉴定书

竣工验收鉴定书是竣工验收的成果文件，自鉴定书通过之日起30个工作日内，由竣工验收主持单位发送各参验单位，其中小型水库的验收鉴定书还应同时报送水利厅基建局。

大型水库以及工程技术较复杂或工程投资超过5000万元的中型水库应进行竣工技术预验收，其余水库可不进行竣工技术预验收。

6. 验收的组织

竣工技术预验收应由竣工验收主持单位组织的专家组负责。技术预验收专家组成员应具有高级技术职称或相应执业资格，成员的2/3以上应来自工程非参建单位。专家组可下设专业工作组，并在各专业工作组检查意见的基础上形成竣工技术预验收工作报告。工程参建单位的代表应参加技术预验收，负责回答专家组提出的问题。

（二）工程环境保护验收工作开展情况

建设项目竣工环境保护验收是项目管理的重要部分，是环境保护的重要手段和措施，是检查、论证建设项目是否履行"三同时"制度的最后一关，其作用至关重要。但在验收监测实践中仍存在验收项目环境管理不到位、验收监测的定位模糊、建设单位思想上不重视、验收监测规范有待完善等问题。本文分析了建设项目竣工环境保护验收监测中存在的问题及原因，提出建立完善验收监测制度与程序、加强质量控制管理等解决办法及建议。

环境保护与可持续发展是确保人与自然的和谐，是经济能够进一步得到发展的前提，也是人类文明得以延续的保证，所以工程建设项目中环境保护竣工验收显得尤为重要。目前，建设工程项目竣工环境保护验收工作在国家大部分省、市层面上基本形成了正常的工作程序，验收监测逐步走上标准化、规范化的轨道。但是，在遵照建设项目竣工环境保护验收管理办法实施具体工作的同时，实际工作中还存在一些常见和一些容易忽视的问题，需要我们学习和掌握。另外，由于验收监测与建设工程项目环保验收工作直接相关，同时也关系到建设单位的利益，因此，管理部门把握验收政策尺度、建设单位对监测工作的配合、监测技术和监测管理水平等因素会对验收监测产生影响。其中，政策把握、建设单位配合属于影响验收监测的两个外部因素，监测技术和监测管理水平是影响监测工作的难点。

下面就建设工程项目监测工作中遇到的常见问题和难点问题进行探讨，并提出建议。

水利工程环境保护专项验收，主要涉及工程施工阶段、工程试运行期间以及项目竣工环境保护验收三个阶段的工作。能够清楚并严格按规范和批复文件完成各阶段的工作内容，是能够顺利通过环境保护专项验收的重要保障。

1. 施工阶段的环境保护工作

组建环境保护执行机构。环境保护执行机构应能独立开展工作并有专人负责工程建设及运行管理的环境保护管理及监督工作。其机构的职能：在工程建设期间，督促、检查和落实合同有关环境保护条款，加强对施工现场的管理，避免由于施工造成的水土流失，采取合理措施保护环境，实现环保建设目标，同时监督检查"三同时"制度执行情况及参与环保设施的竣工验收等；委托监理单位进行环境监理；根据环评报告书中的施工期环境监理计划，委托有相应资质的监理单位作为环境监理；加强施工现场管理。

在工程施工过程中，施工单位要尽量选用低噪声的施工机械，以减少施工期间机械噪声对周围居民生活产生影响。为加强对现场施工人员的噪声防护工作，在噪声较高的环境中工作的人员，均要佩戴防声头盔或防声耳罩。施工单位应安排洒水车经常对施工道路进行洒水处理，最大限度地减少车辆行驶产生的扬尘，尽量避免施工车辆扬尘对周围环境产生污染。

施工期的生活固体废弃物要定点堆放，在施工现场尽量避免产生油污及含油废水，对固体废物、废水要定期清运至环卫部门规定的垃圾处理厂进行卫生填埋处理。

工程建设时，将地表耕层土与深层土分别堆放，施工后期回填时将表层土覆盖在上层，使耕地尽快恢复到原来水平。委托文物考古研究单位对工程沿线进行实地踏查，并要与当地文物管理部门进行核实，涉及古代文化遗址的地段要采取保护措施，避免因工程建设对历史文物造成破坏。要委托有相应验收监测（调查）资质的监测单位，对环评报告书中提到的施工期环境监测内容进行监测。

2. 工程试运行期间的环境保护工作

工程完工后，可在管理区范围内进行绿化，实现自然环境的恢复，以达到美化环境、保水固土的目的。在生活区范围内的路面要进行硬化，对生活废水、垃圾，要定期集中清运至环卫部门规定的垃圾处理厂进行卫生填埋处理，避免产生二次污染。

3. 工程竣工环境保护验收的工作内容

加强建设项目环境保护文件材料的搜集整理工作。环境保护文件材料，是工程建设项目档案的重要组成部分，参建单位应重视日常的搜集整理工作，在归档过程中要单独组卷，并与工程竣工档案资料同时归档。

提出建设项目竣工环境保护验收申请。建设单位需在自试生产之日起 3 个月内，以红头文件形式向环境保护行政主管部门申请建设项目竣工环境保护验收，环境保护行政主管部门将委托下一级环境保护行政主管部门（通常是环境工程评估单位）对建设项目环保护设施及其他环境保护措施的落实情况进行现场检查，并作出审查决定。

项目竣工环境保护验收的调查工作。建设单位需就工程竣工环境保护验收调查影响评价向环境工程评估单位进行技术咨询，并委托其编制完成项目竣工环境保护验收调查报告。

技术咨询合同签订后，建设单位需向环境工程评估单位提供项目的环境影响报告书及批复文件、可行性研究报告及批复文件、水土保持方案及批复文件、水资源论证报告书及批复文件、初步设计报告及批复文件、工程地理位置图、工程竣工程资料、政府部门关于项目临时使用土地的通知文件及占地补偿协议、林业部门关于项目临时占用林地的批复文件及占地补偿协议、环保设施发票等基础资料。

环境工程评估单位的主要工作方法是现场调查，建设单位需根据环境工程评估单位提出的调查线路、场所为其提供便利的工作条件，并积极配合，以便顺利完成调查工作。

向环境工程评估单位提供《建设项目环境保护执行情况报告》和《环境保护验收监测（调查）报告》，作为项目竣工环境保护验收调查报告内容的一部分。填写《建设项目竣工环境保护验收申请表》。环境工程评估单位编制完成项目竣工环境保护验收调查报告后，建设单位填写《建设项目竣工环境保护验收申请表》，并上报到环境保护行政主管部门。配合验收组完成建设项目竣工环境保护验收会议。建设单位应为验收组提供项目竣工环境保护验收会议场所，提供环境保护档案资料，在有查看现场要求时，积极按验收组要求的线路组织现场查看，对验收组提出的意见或建议要有应对措施。水利工程环境保护专项验收严格执行环保"三同时"制度，只有在工程建设过程中做好环境保护工作，才能使监测单位的监测结果合格而出具合格的环境监测报告，使环境工程评估单位的调查数据符合环评批复文件的要求而出具优质的环境保护调查报告，才能顺利通过建设项目竣工环境保护验收。

（三）运行中的环境保护管理工作

众所周知，水能源是相对来说比较廉价而且是可持续利用的能源，水能源的各种利用也为人们的生活带来了很大益处，人们虽然通过水利工程获得了巨大的经济利益和社会效益，但同时也严重破坏了我们赖以生存的生态环境，最终真正受伤害的还是我们自己。所以我们必须要采取相应的措施，降低水利工程建设对环境的破坏程度，大力保护生态环境，保证人与自然的可持续发展。

中华人民共和国成立以来，经过几代人的努力，已经形成了比较全面、系统的水利工程体系，为我国的经济社会全面发展奠定了重要的物质基础。但在一些水利工程的建设过程中，忽视了对环境的保护，缺少必要的环保措施，进而造成环境破坏，产生了负面影响。比如，在一些水利工程建设过程中过度开采地下水资源，导致附近地面沉降及建筑物裂缝；有的水利工程产生并排放大量的污水，严重污染水质；还有的工程严重破坏地表植被，造成严重的水土流失，致使土地沙化，河床淤积，降低河道的行洪能力，威胁人民的生命财产安全。这些问题的产生都是由于在建设水利工程时，忽视了工程对环境的影响，缺少采取对环境保护的措施,因此,我们迫切需要加强水利工程的环境保护管理工作。

水利工程的环境保护管理现状:水利工程建设对环境的影响,水利工程建设过程中会出现许多的环境问题,如进行工程建设的时候,随意排放工程废水以及生活污水,严重污染了下游水质;进行采挖施工时,缺乏科学性,使水土过度流失、堵塞河道,降低航道通航能力;在施工过程中乱堆放废石、废渣,乱建临时建筑,不按规定占用土地资源等。由此可以看出,水利工程建设和环境有着密不可分的联系。另外,水利工程中兴建的大坝是一种人工控制系统,从某种意义上讲,也会造成生态环境的破坏,并且会产生众多的次生灾害问题。

1. 影响陆地生态环境

水利工程对陆地生态环境的影响,在水利工程建设过程中以及水利工程的运行过程中都有体现。人们在施工时,首先就会大量的破坏地表植被,影响地表生态;排放到水域中的生产污水,直接导致水域的生态破坏;工程在水下作业时,会导致水里的动物被动迁徙和水下植物被破坏,使周围的生物种群结构发生改变,破坏了该系统的生物链结构,严重影响了局部水域生态平衡。

2. 影响天然水域生态环境

在天然水域进行的水利工程建设,不仅破坏了水域中长期演化的生态环境,而且会改变水域的生态多样性。在进行水下采挖作业时,人为强制性地改变了局部水域的水深以及含沙量,会导致周边水域的水文状况发生变化,进而影响到周边的水质、地质以及局部气候。

水利工程建设中的环境问题:过去传统的水利工程建设,人们过于重视追求局部短期的防洪效能和经济效益,忽略了工程对整个流域长期的生态影响;只重视自身的生产、生活用水而忽视生态用水,造成河流、湖泊及湿地萎缩,造成土地荒漠化;过于注重对水资源的人工调控,而忽略了水的自然生态性;片面追求工程的防洪作用,而忽略了洪水的资源性,从而降低了水利工程的调节作用。

施工过程中环境保护的工作要点:

(1) 防止施工中对施工区以外植被的破坏;

(2) 加强施工利用料、弃渣、废渣、废料的储存、管理和完工后渣场的植被恢复;

(3) 加强生活垃圾的管理、掩埋和场地恢复;

(4) 防止地表水土流失和下游河床淤积;

(5) 加强对砂石混凝土系统的废水处理、灌浆作业的废水处理、混凝土浇筑养护的废水、生活污水等的排放管理;

(6) 注意蓄水时库区的植被、生物、建筑物的破坏,下游断流对水生物、动物和人群的影响,蓄水后对水质的影响;

(7) 减少土石方施工中的钻孔、爆破、运输产生的施工粉尘;

(8) 降低水工洞室施工中燃油动力设备的废气危害;

(9) 评估油料的储存、运输、分配过程中对环境产生的影响，指导承建单位做好各种废油的处理；

(10) 注意洞室施工中的通风和废气、粉尘的危害防范；

(11) 按合同技术规范规定做好临近工作区和生活区范围内的土石方施工中的钻孔、爆破、运输，砂石混凝土系统产生，灌浆工程的施工产生的噪声的控制；

(12) 避免原有的滑坡体恶化，避免由于施工产生新的滑坡体，避免因土石料的不当堆积产生泥石流；

(13) 督促承建单位做好施工区人群传染病的防治。

从水利工程施工过程出发做好水土保持工作。根据水利工程中引发水土流失的情况主要分为线型和点型，我们考虑水土保持的工作应该充分考虑到当地的情况，针对不同的地理环境条件使用不同的防治方案。根据当地的具体情况建设水利工程中的弃渣场、回填区以及开挖区，力争将对当地水土生态环境的危害降到最小。要想解决水土流失的问题，必须做好水土保持的工作。有效的水土保持能够在很大程度上提高土壤的保水能力。举例来说，梯田等水土保持手段的使用，不仅可以增加当地土壤的保水能力还能调节土壤的防洪、抗洪能力，增加水利工程的使用年限。除此之外，水土保持工作还能降低滑坡、泥石流等自然灾害的爆发频率，保护人民的生命财产安全，降低自然灾害对人民生活的影响。有效的水土保持工作，还能提高当地对水资源的利用效率，既能防范自然灾害又能使土地增产，提高土壤的产出率。因此，水土保持工作是关系到我国土壤生态和经济能力可持续发展的重要工作，具有十分重要的战略意义。

（四）工程问题的投诉与处理

随着我国社会主义市场经济的飞速发展，对水利工程项目的发展也起到了促进作用。但是施工中存在的问题却在影响着水利工程的质量，并且对其持续发展产生了一定影响。这就需要工程管理人员及时认清水利工程施工中存在的问题，并制定合理的解决方案，在保证水利工程质量的同时，提高其使用价值。本文中将水利工程施工中存在的问题与相应解决方法进行简要阐述。

目前，我国水利工程发展速度较快，其涉及的领域也比较多，如工业、水利水电以及环保等领域，因此常常会出现一些影响工程质量的施工问题。为了能够保证水利工程的质量，有效地发挥工程的作用，就需要在实践中不断地总结施工的问题，制定科学合理的解决方法，并且提高施工人员整体素质，对水利工程质量进行全面控制。

1. 水利工程建设领域突出问题及表现形式

结合多年水利工作经验，对水利工程建设领域存在的突出问题进行了归纳分析。其突出问题主要体现在以下六个方面。

一是少数水利工程项目在建设过程中存在资质挂靠、围标串标、转包和违法分包等现象。

二是少数水利工程项目施工中存在偷工减料或以次充好现象。个别监理人员不认真履行监督责任，造成工程质量不达标等现象。

三是个别中标单位想方设法通过变更设计，增加工程量以获取更多的工程款的现象；

四是个别地方配套资金到位率偏低，致使很多水利项目不能进行竣工决算，从而影响水利资产的入账登记。

五是存在工程建设信息公开程度不够，市场准入和退出机制不健全，互联互通的工程建设领域诚信体系还未真正形成等问题。

六是少数水利项目存在审计监督滞后，案件查处未形成合力等问题。

2. 水利工程建设领域突出问题产生的原因

当前，水利工程建设领域存在的突出问题，是妨碍科学发展、影响党风政风、人民群众反映强烈的突出问题之一，也是制约水利事业健康发展的关键问题。分析其原因，主要有以下六个方面。

一是法律、法规意识淡薄。少数人员对水利工程建设领域突出问题的危害性认识不到位，存在重项目轻监管、重查处轻预防、重建设轻程序等个方面的问题。

二是水利专业技术人才缺乏。近几年水利工程建设项目猛然增多，而水利部门人员编制受机构设置等限制，技术力量已远远不能适应水利事业飞速发展的要求。

三是企业追求利润最大化。企业以盈利为目的，通过一些不正当手段拉拢业主代表、监理人员，在工程建设质量上大做文章。

四是审计监督较滞后。水利工程建设项目的审计基本上都是属于事后监督，没有健全完善的内部审计体系。

五是监督检查不够深入。监督检查不够系统全面，且大多停留在听取汇报、面上检查这一层面，没有真正形成上下监督合力。

六是惩戒不力，处罚不严。例如，根据我国《中华人民共和国反不正当竞争法》，对实施商业贿赂、串通招投标的行政处罚是 1 万元以上 20 万元以下的罚款，而水利工程领域的合同金额动辄数千万元，显然行政处罚过轻。

3. 如何破解新形势下水利工程建设领域突出问题，应着力从以下几个方面努力

第一，加强思想道德教育，创新预防体制机制强化对关键岗位人员的廉政风险教育，重点培育这些人员的"献身、负责、求实"的水利行业精神，深入开展法规教育和警示教育。

第二，规范水利工程建设项目决策行为。

一是加强水利规划管理。完善规划论证制度，提高规划专家咨询与公众参与度，强化规划的科学性、民主性。

二是严格水利项目审批。根据有关法律、法规和政策规定，认真执行水利建设项目审查、审批、核准、备案管理程序，积极推行网上审批和网上监察。

三是加强设计变更和概算调整管理。严格执行设计变更手续，重大设计变更须报原审批单位审批。对未经审批的超概算、超计划的项目不下达预算，不支付资金。

四是督促地方落实配套资金。督促检查地方落实水利建设项目配套资金，各地应明确地方配套投资责任主体，合理分摊配套投资比例。

第三，规范水利工程建设招标投标活动。

一是规范招标投标行为。根据《中华人民共和国招标投标法》《水利工程建设项目招标投标管理规定》《工程建设项目招标范围和规模标准规定》等有关规定，严格履行招标、投标程序，严格核准招标范围、招标方式和招标组织形式，确保依法、公开招标。

二是规范评标工作。大力推行网上电子招标投标。进一步加强评标专家管理，建立培训、考核、评价制度，规范评标专家行为，健全评标专家退出机制。

三是健全招标投标监督机制和举报投诉处理机制。认真执行《水利工程建设项目招标投标行政监督暂行规定》等文件，建立健全科学、高效的监督机制和监控体系，对招标投标活动进行全过程监督。

第四，加强工程建设实体质量管理。

一是强化施工过程中的现场检查。检查组每次检查的重点小二型水库数量不低于总数量的50%，一般小二型检查数量不低于总数量的10%。对重点小二型水库的现场检查频率达到每座水库两次以上，对一般小二型水库现场检查频率达30%以上。

二是强化隐蔽工程质量检测。购买新型地质雷达设备，对新建隧洞砼衬砌等关键部位，采用地质雷达扫描等手段对施工质量进行检测，严把隐蔽工程质量关。

第五，加强水利工程建设实施和质量安全管理。

一是严把水利建设市场准入关。严格水利工程建设市场主体准入条件，做好水利建设市场单位的资质管理和水利工程建设从业人员的资格管理工作。

二是加强建设监理管理。按照《水利工程建设监理规定》等有关制度开展监理工作，积极培育水利工程监理市场，加强监理人员知识更新培训，提高监理人员业务素质和实际能力。

三是加强合同管理。严格执行《中华人民共和国合同法》，督促项目主管部门、项目法人等提高依法履约意识，提高合同履行水平，逐步建立水利工程防止拖欠工程款和农民工工资长效机制。

四是强化验收管理。验收工作要严格按照《水利工程建设项目验收管理规定》《水利水电建设工程验收规程》等有关规定和技术标准进行。

五是加强质量管理。健全项目法人负责、监理单位控制、施工单位保证和政府质量监督相结合的质量管理体制，严格质量标准和操作规程，落实质量终身负责制。

六是加强安全生产管理。严格执行《建设工程安全生产管理条例》和《水利工程建设安全生产管理规定》，建立安全生产综合监管与专业监管相结合的管理体系，落实水利工程建设安全生产责任制，完善水利工程建设项目安全设施"三同时"工作。

七是加强基建项目财务管理。督促项目法人加强账务管理，严格资金使用和拨付程序，严禁大额现金支付工程款，规范物资采购，对纳入政府采购范围的物资、设备要依法进行政府采购。

第六，推进水利工程建设项目信息公开和诚信体系建设：

一是公开项目建设信息。认真贯彻政府信息公开条例，及时发布水利工程建设项目招标信息，公开项目招标过程、施工管理、合同履约、质量检查、安全检查和竣工验收等相关建设信息。

二是拓宽信息公开渠道。利用政府门户网站和各种媒体，完善水利工程建设项目信息平台，逐步实现水利行业信息共建共享。

三是加快信用体系建设。完善水利建设市场主体不良行为记录公告制度和水利建设市场主体信用信息管理办法，逐步建立守信激励、失信惩戒制度。

第七，加强水利工程建设审计、监察工作，加大案件查办力度：

一是强化水利工程建设审计工作。抓住重点，主动跟进，客观评价水利工程建设项目绩效，及时核查项目建设管理中存在的问题，做到边审计、边整改、边规范、边提高，确保水利工程项目建设顺利进行。

二是强化水利工程建设监察工作。开展水利工程建设专项执法监察和效能监察，加强对水利建设领域重点项目、重点环节和重点岗位的监督检查力度。

三是加大案件查办力度。拓宽案源渠道，公布专项治理电话和网站，认真受理群众举报和投诉，集中查处和通报一批水利工程建设领域典型案件。

4.水利工程施工存在的几点问题

施工前期准备工作存在的问题。水利工程施工之前，需要对工程进行设计与评估，它不仅可以为项目实际施工提供相关依据，还可以避免盲目施工带来的恶果。不过目前一些水利工程项目施工前，工程设计与评估工作存在漏洞，相关单位没有对其产生足够的重视，没有严格的依照国家制定的相关法律与水利部门规定的技术标准进行工程设计与评估。尤其是一些规模较小的水利项目，工程设计只是保留着最简单的资料，现场勘查与地质勘查等程序都没有进行落实，进而制作的项目设计、可行性研究报告等缺乏科学性与严谨性。

施工过程中存在的问题。就目前来看，水利工程的转包现象尤为严重，一个水利项目往往会经过层层转包，而为了取得更高的经济效益，一些工程承包单位会偷工减料，伪造相关施工资料，这样会严重影响工程质量。有些施工单位不重视施工原材料的选择与管理，一些劣质材料甚至是过期材料被用到实际施工中来，这样的工程即使竣工验收时蒙混过关，实际使用时质量问题也会暴露无遗。同时施工人员素质参差不齐，施工技术落后，技术人员水平不够，现场管理与施工体制不完善等，都会影响水利工程的质量。水利工程监理工作对保证工程质量起到关键性作用，一是对工程施工情况进行监理，二是对施工人员配置进行监理。监理工作并不是简单的监督工人施工，对操作发生错误的工人进行严厉批评，这是错误的监理服务意识。真正的监理工作是要协助施工人员更好地完成施工任务，对施工人员起到一个鼓励与促进的作用。而且许多监理人员都过多重视工期问题而忽视质量问题。这就无法充分地调动施工人员的工作热情，既无法在规定工期内完成任务，也无法保证工程的质量。

5. 水利工程施工问题的解决方法

完善施工前期准备工作。水利工程施工之前，要聘请技术过硬的工程设计人员，先要对工程施工场地进行现场勘查，分析地质条件与环境问题，确保工程建立之后不会对当地环境产生恶劣影响，之后进行科学严谨的工程设计，在满足工程相关功能要求的同时，提高工程的可实施性。之后到专业的评估机构对工程设计进行评估与造价管理，确保工程设计的质量，并且对施工造价有一个整体认知。

做好施工中的质量管理。针对水利工程施工过程中，施工企业对质量管理目标认识的偏差、施工质量管理体系及管理方法存在的不足，现代水利工程建设施工企业应注重施工过程的质量管理。综合水利工程施工行业质量管理体系建立的方法及重点结合水利工程实际情况建立健全的施工质量管理体系，并根据水利工程设计资料文件中对质量管理的要求，建立施工质量控制点数据库。在具体的施工过程中严格按照施工质量控制点数据库的要求，进行质量控制与管理，避免施工质量问题的发生。在施工过程中，施工企业还应加强与监理方、设计方的沟通协调，以便及时了解工程变更情况。以协调各方工作为基础，实现全面质量监督与检查目标。在施工过程中的质量控制与管理时，施工企业还应针对竣工资料对质量、技术文件的需求加强施工过程中相关资料的管理。针对验收工作中竣工资料、质检报告的要求加强文件管理。

完善施工安全生产制度是为了提高水利工程的施工安全。施工企业要建立关于施工安全生产制度的公告栏，便于施工人员熟悉并掌握其制度；要公开施工单位的违章行为，并对其进行相应的行政处罚等，通过这些措施以保证施工行为的规范性和安全性，在实际的施工过程中，不断地加强和完善施工安全生产制度。

（五）水利工程管理的对策

近几年来，水利工程管理中频繁出现一些问题，严重干扰了水利工程的持续运作，降低了工程的整体效益，下文对当前水利工程管理中存在的若干问题进行了浅谈，并针对这些问题提出了几点对策。

1. 水利工程建设管理概述

水利建设项目大部分为非盈利的公益性项目，一般投资主体是国家。在计划经济时代，水利建设项目的实施由项目单位临时组建"指挥部"等非法人机构负责，这种管理模式曾发挥了很大作用，很大程度地推动了水利工程建设，但是由于没有一个相应的机构代表政府来对整个建设项目实行监督与管理，致使整个工程建设"重建设，轻管理"，当资金、质量、工期等出现问题时，不便于明确和追究主体责任。20世纪90年代，建设管理体制开始了明晰产权改革，实行政企分离的体制，许多建设单位改制成为独立法人，从而形成了项目法人责任制的建设管理模式。项目法人责任制具体表现为"建管结合、贷还结合"，它确立了业主在整个投资过程中的核心地位，以业主负责制、招标承包制和建设监理制三项制度为标准制度。我国的"三项制度"从20世纪80年代之后在我国的整个建筑市场就开始试点，不断推广，水利建设市场也在积极探索。特别是1998年的大水之后，水利工程建设项目投入的大幅度提高，我们由过去水利工程以岁修为主改变为以大规模的基本建设为主，使得以"三项制度"为核心的水利建设管理体制在水利建设工程中得到了全面推行，为保证大规模水利建设的顺利实施发挥了重要的作用。

2. 水利工程建设管理中存在的问题及原因

我国水利工程项目目前实施的是项目法人责任制度，在我国水利工程良好发展的同时，我们还应该看到水利工作中普遍存在的问题：如责权不明、项目立项缺少科学性和规范性、工程质量差、经济效益不佳、群众不满意等。

（1）项目法人责权不到位

项目法人责任制是"三项制度"的核心问题，但是部分建设项目法人组建不规范，甚至根本未组建项目法人，造成项目工程建设只抓工期，不顾质量，资金不能按时到位，行政干预严重等现象。同时，在水利工程建设管理中，个别工程项目"同体"现象较为严重，主要表现在质量监督机构、项目法人、设计单位、施工单位等相互隶属同一行政主管部门管理，造成工程项目建设、质量监督以及行政管理等个方面相应的责权落实不到位。

（2）监理部门的职权得不到全面保障

监理作为一个市场条件下运作的部门，尤其是当被边缘化到一个一般的中介服务机构以后，用一个中介机构去规范作为政府代表的建设单位的行为，使得建设单位能够合理合法地以合同的形式将全部或大部分责任转嫁到监理部门，造成监理部门不得不受命于建设单位，最终在工程建设中不能充分发挥出监理部门的作用。

（3）招投标管理仍然不够规范

当前的许多项目工程在招投标过程中，或多或少地委托没有资质或低资质的单位代理招投标，从而使低资质或无资质的设计、施工、监理队伍参与工程建设，造成招投标工作违规操作，虚假招标或直接发包，出现部分工程转包和违法分包的现象。

（4）工程立项缺乏科学性与规范性

水利工程立项是一项综合性的学科，涉及自然、社会、经济、政治等个方面面，其目标是在技术可行、经济合理的条件下，通过实施水利工程项目，创造出最好的经济、社会和生态效益。水利工程项目立项一般要求有比较全面、科学的可行性研究报告和经济技术比较方案，但在一些地区和单位，在项目前期没有作必要的调研论证，没有搞清当地水资源、生产、人文、经济水平、群众意愿等情况，就立即上马，结果工程运行效益差，引起群众不满意和反对；也有立项受到行政指令干扰的现象，为搞所谓的"形象工程""政绩工程"，使得工程设计、施工及运行管理脱离实际、脱离群众，造成资金和资源的巨大浪费。

（5）质量监督缺乏力度

相关的法律、法规不健全、不完善，执法不力，质量监督可操作性不强；质量检测环节工作薄弱，质量评定缺乏权威性；部分地市质量监督机构还没有完全独立建制，质量监督管理职能责任不明。

(6) 工程资金到位率低

水利工程作为一项基础性工程，事关一个国家经济发展大局，必须管好、用好水利建设资金。但有的地方存在地方配套、自筹资金不落实，下拨资金层层剥皮，一定程度地影响了工程建设的进度和质量，同时也削弱了广大群众参与水利基本建设的积极性。

(7) 当前我国的水利工程管理中

造价管理没有形成完善的、系统的全过程造价管理体系，"二分式"管理模式受长期计划经济时期管理模式的影响。工程造价管理涉及建设、设计、施工、咨询、政府部门等多方建设主体影响，这决定了造价管理工作的复杂性，同时给全过程管理带来很大的难度。实际工作中，建设工程造价管理一般通过几个单位来完成，实行"分单位、分阶段"的"二分式"管理方式。在水利工程造价中，多种计价方式并存，工程计价方法不够科学，当前我国都是采用通过预算确定工程造价，也就是按定额计算直接费、按取费标准计算间接费、利润、税金，再依据有关文件规定进行调整、补充，最后得到工程造价，而且至今仍采取这种程序和方法。

(8) 目前在我国工程建设领域存在这种情况

老牌建筑施工企业在竞争力上无法战胜新兴建筑施工企业。归结其原因可以发现，这些在我国存在时间较长的老牌建筑施工企业，往往历史都比较悠久，业绩比较丰富，同时员工人数也比较庞大，施工所用的设备以及配套设施也不可谓不完备。但相对新兴建筑施工企业在管理方式和制度的更新上都比较慢。施工管理是构成施工企业核心竞争力的重要组成部分，新兴建筑施工企业由于起步较晚，刚诞生时便深受先进施工管理方式和制度的影响，因此，对新制度和新方式的接受能力较强，而反观老牌建筑施工企业，由于受到传统管理思维的束缚和建筑施工市场利益竞争的影响，使得新制度和新方式无法在企业内推广，以致在市场占有率和施工管理效率等个方面被后来者超越。在建筑施工的市场中，当前也存在着严重的恶性竞争与同质化竞争。近几年我国国民经济的快速发展，工业、农业生产以及居民生活用电对能源发展提出了更高的要求。在强大的市场需求推动下，我国水利水电工程建设走上了快速发展的道路。建筑施工市场作为低端产业市场，行业的快速发展势必会催生大量的建筑施工企业诞生，市场竞争门槛也随着业内竞争企业数量的增加而不断降低。那么，当一项水利水电工程项目招标时，竞标企业数量势必会很多，从而造成"僧多粥少"的局面。施工企业为了获得工程的承包权，尤其是一些资质等级和业绩要求不高的低端市场，极有可能会发生采用各种手段抢占市场的现象，从而形成国内施工企业间的恶性竞争，有碍于行业的良性发展。

(9) 我国水利工程数量逐年增加

在工程质量的管控水平上也有待提高，当前水利工程质量的管理中，首先是工程中的设计深度有待提高。目前的工程设计从业人员缺乏创新意识，有时采用参照相似的已建、在建工程开展设计，造成新建工程结构布局不够合理，设计深度不够，方案比较不充分。

甚至由于时间紧迫，在前期工作准备尚不充分的情况下，工程仓促上马，加之设计人员不熟悉现场，缺乏实践经验，造成设计质量不高。项目法人的行为缺乏规范，主要体现在：部分投标项目因招标门槛降低后，低端队伍涌入扰乱了招投标秩序，低端队伍通过恶性竞争争取到了市场份额，导致低资质甚至无资质的队伍参与工程建设；行政干预，违反建设程序，任意压缩合理工期，影响工程质量；资金落实不到位；质量意识薄弱，管理松懈，项目法人责任制落实不够。同时，在施工质量的管理中，还存在着诸多因素的影响，如环境、材料质量、施工机械以及设备，这些因素对工程建设质量都会造成一定的影响。

3. 水利工程建设管理的对策及建议

管理是水利工程整体工作的有机组成部分，能够使水利工程兴利除害的功能得到充分的发挥。水利工程的投资、进度、施工以及质量都是管理的重要环节，水利工程建设管理，一个方面与工程建设项目的顺利进行有一定的关系；另一个方面还会对人民群众的切身利益和生命财产造成一定的影响。同时，国民经济的稳定发展与进步也离不开先进科学的水利工程建设管理模式。

（1）严格落实项目法人责任制

切实加强对项目法人基本条件的要求和管理，建立对项目法人建设行为的考核管理制度，规范和约束项目法人的建设行为。一是要认真贯彻执行水利部《水利工程建设项目实行项目法人责任制的若干意见》，针对目前水利建设多元化、多层次的投资体制，按照项目类别组建项目法人；二是要严格项目法人的资质审查，在建设项目的项目建议书阶段就应明确项目法人，没有按规定要求组建项目法人得不进行项目的各项审批工作。

（2）建立健全科学严密的标底

形成机制和评标决标的标准、方法和工作程序，推行合理低价中标，防止恶意低价中标行为，遏制转包和违法分包现象，加强对招标代理机构和评标专家的管理。

（3）不断提高监理人员素质，积极推进监理改革

定期组织监理人员开展业务知识培训、考核，实行挂牌上岗，严格对工程质量、工期、投资进行有效控制，切实提高施工单位的技术和管理水平；积极推进水利工程建设监理单位体制改革，增加监理企业活力，积极引导水利工程建设监理单位向开展综合性工程咨询服务业务方向发展。

（4）切实加强工程质量管理

首先，要充分发挥质量监督机构的职权，加强质量监督有关法律、法规、规范和标准的业务培训，建立敬业、专业、高效的质量监督队伍，不断完善质量监督体制。其次，要严格检验进场材料、产品、设备，防止不合格产品进入施工现场。工程建设时要对设备、材料进行检测、评定，优先选用质量达标、价格优惠的正规厂家的产品，大型设备、大量材料应由政府统一采购，坚决制止施工材料以次充好，坚决打击材料采购活动中的腐败行为。另外，工程施工中，要坚持以合同管理为主线，建立多级联控的质量保障体系，明确严格的施工技术规范、质量标准，承包商、监理员必须严格按合同规定的技术要求和相关

标准进行施工、验收。监理人员要全天候式检查验收承包商的所有施工活动和工艺过程，每项工序、工程完成后应先由承包商进行自检，自检合格后由监理人员验收签认，未经验收或验收不合格，不得进入下一道工序，不得拨付工程进度款，不得竣工验收。

（5）多方筹资，确保项目资金安全到位

虽然水利项目资金的筹措大部分是有法律依据的，但有一些地方政府配套出台集资办法缺乏法规依据，这导致资金到位不稳定。因此，我们应该积极立法，以法律为依据，出台筹资政策，依法筹集水利资金。目前来看，我国资本市场发展日趋成熟，为筹集水利资金提供了全新渠道。对那些投资大、周期长、收益高的水利建设项目，可以通过成立股份公司，建立现代企业制度，筹集大量水利资金，这样做不仅可以缓解企业对资金的饥渴，还引进了市场竞争机制，有利于培育现代市场经济。另外，我们还可以在运作机制上下功夫，通过对水利建设投资体制的改革，吸引社会各个方面的闲置资金，从而推进水利事业的又好又快发展。

（6）水利工程造价的管理

目前急需建立完善的工程造价管理体系：建立一个统一的工程造价管理机构，强化工程造价管理部门的管理职能，加强宏观调控能力，健全工程造价管理的制度和办法；加快法规建设，规范建筑市场，维护市场主体的合法权益。理顺各种工程造价管理主管部门的关系，建立各部门定期的协调联系制度，使工程造价管理的标准和指标能够更好的衔接、配套。

（7）提高当前水利工程施工管理的对策

水利水电施工管理不是一个独立的工作内容，它是由多个要素共同组成的，以施工管理水平提升为主要目的的对策实施，应当从构成施工管理的重要因素入手，对运行有效的措施进行探讨。工程施工进度管理是施工管理的重要部分，也是施工合同中的重要组成部分，加强施工进度管理，施工企业应当严格按照施工合同的规定进行，对工程按照工期和分项进行施工进度的统一管理，为确保工程的按期完工而制订有效的施工进度计划，并将计划充分地落实到年、月、日，然后将该计划经监理审批。监理人员依照审批后的施工进度计划，监督和敦促施工单位注意工程施工管理。

（8）提高当前水利工程施工质量管控的对策

水利水电工程基本建设项目质量控制管理工作，贯穿于工程建设项目规划、勘测、设计、招投标和项目施工实施、项目竣工投入运行全过程。在施工质量的管理中，应当加强前期工作，严格基本建设程序。加强前期勘测质量控制管理，前期勘测质量控制管理是工程建设质量的首要问题，面对当今空前的水利建设投资规模和前期工程作相对滞后的实际状况，要切实组织动员勘测设计技术力量与前期费用投入力度，严格按照规程规范加快前期规划。勘测设计工作，保证设计质量，要引入设计市场竞争机制，严格设计单位资质管理，严禁超越资质等级设计，并严格设计审批程序。精心勘察设计，提高设计质量。勘察设计质量是决定工程质量的首要环节，要大力提升设计勘察的质量水平，依托市场，将设计单位推向市场，靠竞争、信誉求发展，提高设计资质和专业技术水平。要大力推广应用新技术、新工艺、新工法，以不断提高工艺技术水平，保证工程质量的持续改进和工效的提高，采用先进合理的工艺、技术，依据规范的工法和作业指导书施工。

4. 建章立制，落实责任贯彻查处和预防相结合的方针，全面推行巡查执法责任制

首先从建立健全各项工作规程着手，如制定颁发了有关《水政监察巡查制度》《加强水工程管理的暂行规定》《水政监察大队考核办法》等规范性文件，出台《水利局行政执法责任制》和《水利局行政错案追究制度》等一系列文件，分别对考勤、巡查、受理、立案、考核、奖惩等作出明确规定。其次是建立和完善水行政主管部门层级监督和互相监督办法。建立社会举报制度，凡举报有功人员均给予适当经济奖励。各职能单位围绕各自工作职责，做到每周巡查两次，巡查时要有记录，发现问题要及时上报，一般水事违法案件由各流域管理所按简易程序进行处理。发生较大的、一时制止不了的案件需立即上报县水保所、县水政监察大队调查取证，按执法程序进行调处。每个层次管理单位根据职责分工不同，都有相互监督的权利和义务。

加强领导，形成水利局局长对水利工程管理、执法负有全面责任，要坚持一手抓建设，一手抓管理，做到建管并举，强化执法。水利局分管水工程管理和执法的副局长，要全身心地扑在管理和执法工作上，以身作则，知难而进；要运用多种载体，组织开展管理"执法年"活动，同时建立管理、执法联席会议制度，定期召集会议，分析研究管理工作存在的问题，探讨管理、执法的新办法、新措施；加强对管理、执法人员的业务知识和相关法律、法规的培训，努力成为精通本职工作的内行，加强管理、执法队伍自身建设，努力造就一支严于管理、勇于执法、敢于执法、敢于碰硬、纪律严明、勤政廉政的水利队伍。

明确权责，规范管理水行政主管部门对各类水利工程负有行业管理责任，负责监督检查水利工程的管理养护和安全运行，对其直接管理的水利工程负有监督资金使用和资产管理的责任，对国民经济有重大影响的水资源综合利用以及跨流域水利工程，原则上由国务院水行政主管部门负责管理，一个流域内，跨省的骨干水利工程原则上由流域机构负责管理；一个省内，跨行政区域的水利工程原则上由上一级水行政主管部门负责管理；同一行政区域内的水利工程，由当地水行政主管部门负责管理。各级水管行政部门要按照政企分开、政事分开的原则，转变职能，改善管理方式，提高管理水平。

水管单位具体负责水利工程的管理、运行和维护，保证工程安全和发挥效益。水行政主管部门管理的水利工程出现安全事故的，要依法追究水行政主管部门、水管单位和当地政府负责人的责任；其他单位管理的水利工程出现事故的，要依法追究业主责任和水行政主管部门的行业管理责任。

逐步建立科学的工程水价体系和管理机制，充分发挥价格在水资源配置中的杠杆作用。实行统一政策、分级管理和民主协商的工程水价管理体制和灵活的调价机制。水利工程供水水费为经营性收费，水价要按照补偿成本、合理收益、节约用水、公平负担的原则，区别不同地区，农业用水和非农业用水、枯水季节和丰水季节等情况要分类定价。积极推行终端水价制，规范末级渠系水价。逐步提高水费标准，实行政府指导价和市场价相结合。适当下放水价管理权限，由市、县物价部门会同水利部门，根据不同情况确定政府指导价。对财政转移支付的贫困地区，根据水资源状况、农民承受能力及市场供求变化适时调整水价，分步到位，不搞一刀切。已实行产权制度改革的小型水利工程和民营水利工程，在政府指导价基础上，由经营者与用水户协议定价。要逐步完善农业供水计量设施，推广简单实用的计量装置和设施，加强计量管理。

参考文献

[1] 姬志军,邓世顺.水利工程与施工管理[M].哈尔滨:哈尔滨地图出版社,2019.
[2] 高喜永,段玉洁,于勉.水利工程施工技术与管理[M].长春:吉林科学技术出版社,2019.
[3] 牛广伟.水利工程施工技术与管理实践[M].北京:现代出版社,2019.
[4] 陈雪艳.水利工程施工与管理以及金属结构全过程技术[M].北京:中国大地出版社,2019.
[5] 高明强,曾政,王波.水利水电工程施工技术研究[M].延吉:延边大学出版社,2019.
[6] 丁长春.水利工程与施工管理[M].长春:吉林科学技术出版社,2019.
[7] 贺芳丁,刘荣钊,马成远.水利工程施工设计优化研究[M].长春:吉林科学技术出版社,2019.
[8] 吴志强,董树果,蒋安亮.水利工程施工技术与水工机械设备维修[M].哈尔滨:哈尔滨工业大学出版社,2019.
[9] 郝秀玲,李钰,杨杨.水利工程设计与施工[M].长春:吉林科学技术出版社,2019.
[10] 周峰,曹光超,宋先锋.水利工程与水电施工技术[M].长春:吉林科学技术出版社,2019.
[11] 李宝亭,余继明.水利水电工程建设与施工设计优化[M].长春:吉林科学技术出版社,2019.
[12] 王东升,徐培蓁.水利水电工程施工安全生产技术[M].北京:中国建筑工业出版社,2019.
[13] 刘明忠,田淼,易柏生.水利工程建设项目施工监理控制管理[M].北京:中国水利水电出版社,2019.
[14] 袁俊周,郭磊,王春艳.水利水电工程与管理研究[M].郑州:黄河水利出版社,2019.
[15] 张云鹏,戚立强.水利工程地基处理[M].北京:中国建材工业出版社,2019.
[16] 张鹏.水利工程施工管理[M].郑州:黄河水利出版社,2020.
[17] 闫国新,吴伟.水利工程施工技术[M].北京:中国水利水电出版社,2020.
[18] 谢文鹏,苗兴皓,姜旭民.水利工程施工新技术[M].北京:中国建材工业出版社,2020.
[19] 倪泽敏.生态环境保护与水利工程施工[M].长春:吉林科学技术出版社,2020.
[20] 赵永前.水利工程施工质量控制与安全管理[M].郑州:黄河水利出版社,2020.

[21]朱显鸽.水利水电工程施工技术[M].郑州：黄河水利出版社，2020.

[22]闫国新.水利水电工程施工技术[M].郑州：黄河水利出版社，2020.

[23]张义.水利工程建设与施工管理[M].长春：吉林科学技术出版社，2020.

[24]王立权.水利工程建设项目施工监理概论[M].北京：中国三峡出版社，2020.

[25]代培，任毅，肖晶.水利水电工程施工与管理技术[M].长春:吉林科学技术出版社，2020.

[26]王仁龙.水利工程混凝土施工安全管理手册[M].北京：中国水利水电出版社，2020.

[27]马志登.水利工程隧洞开挖施工技术[M].北京：中国水利水电出版社，2020.

[28]罗永席.水利水电工程现场施工安全操作手册[M].哈尔滨：哈尔滨出版社，2020.

[29]束东.水利工程建设项目施工单位安全员业务简明读本[M].南京：河海大学出版社，2020.

[30]刘志强，季耀波，孟健婷.水利水电建设项目环境保护与水土保持管理[M].昆明：云南大学出版社，2020.

[31]陈邦尚，白锋.水利工程造价[M].北京：中国水利水电出版社，2020.

[32]宋美芝，张灵军，张蕾.水利工程建设与水利工程管理[M].长春：吉林科学技术出版社，2020.

[33]范涛廷，柏杨，祝伟.水利与环境信息工程[M].哈尔滨：哈尔滨地图出版社，2020.

[34]夏祖伟，王俊，油俊巧.水利工程设计[M].长春：吉林科学技术出版社，2020.

[35]张雪锋.水利工程测量[M].北京：中国水利水电出版社，2020.

[36]王锋峰，陈德令，黄海燕.水利工程概论[M].天津：天津科学技术出版社，2020.

[37]赵静，盖海英，杨琳.水利工程施工与生态环境[M].长春:吉林科学技术出版社，2021.

[38]万玉辉，张清海.水利工程施工安全生产指导手册[M].北京:中国水利水电出版社，2021.

[39]韩世亮.水利工程施工设计优化研究[M].长春：吉林科学技术出版社，2021.

[40]贺国林.中小型水利工程施工监理技术指南[M].长春：吉林科学技术出版社，2021.